别莱利曼 • 趣味科普经典丛书

〔俄〕雅科夫・别莱利曼 著

刘时飞 译

・北京・

内 容 提 要

这是一本讲述数学基础知识的趣味科普经典。别莱利曼不但十分擅长讲解科学知识，还是一位讲故事的高手。他就像一个学识渊博的魔法师，用其独特的写作手法，将十分神奇而经典的数学故事展现在读者面前，再揭开其中蕴含的数学奥秘。而这些非同寻常的、神奇的现象，其实都是建立在简单的数学运算的基础上的。

图书在版编目（CIP）数据

有趣的数学 /（俄罗斯）雅科夫·别莱利曼著 ；刘时飞译. -- 北京 ：中国水利水电出版社，2021.5
（别莱利曼趣味科普经典丛书）
ISBN 978-7-5170-9554-5

Ⅰ. ①有… Ⅱ. ①雅… ②刘… Ⅲ. ①数学－青少年读物 Ⅳ. ①O1-49

中国版本图书馆CIP数据核字(2021)第076396号

书名	别莱利曼趣味科普经典丛书·有趣的数学 BIELAILIMAN QUWEI KEPU JINGDIAN CONGSHU·YOUQU DE SHUXUE
作者	〔俄〕雅科夫·别莱利曼 著 刘时飞 译
出版发行	中国水利水电出版社 （北京市海淀区玉渊潭南路1号D座 100038） 网址：www.waterpub.com.cn E-mail：sales@waterpub.com.cn 电话：（010）68367658（营销中心）
经售	北京科水图书销售中心（零售） 电话：（010）88383994、63202643、68545874 全国各地新华书店和相关出版物销售网点
排版	北京水利万物传媒有限公司
印刷	唐山楠萍印务有限公司
规格	146mm×210mm 32开本 8印张 158千字
版次	2021年5月第1版 2021年5月第1次印刷
定价	49.80元

名师点评人简介

杨梅，初中数学高级教师。多年来一直从事中小学数学教学工作。擅长在教学中将数学知识趣味化、生活化，注重学生数学思维的训练和问题解决能力的培养。

目 录

CONTENTS

第一章 世纪奇迹

第二章 数字巨人

第三章 未尝不可

第四章　想想看

第五章　富有创意的图画

第六章　排列与剪纸

第七章　有趣的数字

第八章　奇妙的假象

第九章　有趣的实验

第十章　趣味算术题

第十一章　猜一猜

第一章 世纪奇迹

一说到从“头”讲起，一幅巨大的彩色海报便在我的记忆中呈现。那时我正在匆匆忙忙地往家里赶，而儒勒·凡尔纳的《地心游记》还没看完呢。正走着，突然一张巨大的红绿相间的海报出现在我面前，上面写着一些非同一般的事情。

下面讲的事情，我从来没有向任何人提起过。那时我还是一个12岁的中学生，当得知这个秘密的时候，我向一个与我同龄的男孩起誓，我一定会保守这个秘密。

一直以来，我都严守诺言。但是现在，为什么我要将这个秘密公开呢？我会在后文揭晓谜底，现在让我讲一讲这个故事吧。

一说到从“头”讲起，一张巨大的彩色海报便在我的记忆中呈现。那时我正匆匆忙忙地往家里赶，而儒勒·凡尔纳的《地心游记》还没看完呢。正走着，突然一张巨大的红绿相间的海报出现在我面前，上面写着一些非同一般的事情。

我市将迎来《世纪奇迹》的演出！

以下便是海报上的内容：

世纪奇迹

神奇的男孩菲利克斯

Ⅰ.记忆力惊为天人！

12岁的菲利克斯将观众说出的100个单词一口气背下来，并能按照观众要求以任何顺序重复这些单词，甚至还能够准确地说出每个单词的序号。演出在全国各地都获得了空前的成功！

Ⅱ.猜透你在想什么！

即使蒙上他的眼睛，菲利克斯也能猜出此刻你心里所想的物品。

你上衣口袋、钱包等处所藏的东西。

由观众推选的专门委员会将监督演出的进行。

绝对不存在欺骗行为，演出值得所有人信任。

世纪奇迹！

“全是谎话！”一个自信的声音从我的背后传来。

我扭过身发现，我的背后站着一个同班同学，这个正在看海报的留级生，称呼我们所有人为“小家伙”。

“骗子，全是谎话！”他又重复道，“这根本就是花钱让别人去戏弄你自己。”

“不是每个人都会被骗的，”我回答他，“聪明人是不会让自己被人欺骗的。”

“你一定会上当。”留级生粗暴地说，他好像并不愿意弄清楚我口中的聪明人是谁。

那种轻蔑的口吻让我感到愤怒，我决意一定会去观看演出，并且要时时保持清醒，绝不走神。就算有人上当被骗了，我也绝不是其中之一。是的，聪明人肯定不会被愚弄！

非凡的记忆力

我很少去那些城市剧场，因为我的那点儿钱根本不够我选到合适的好位子，所以我就只能坐在离舞台很远的地方。虽然那时我的视力还很好，也能将舞台看得清清楚楚，但我还是没能准确地辨认出《世纪奇迹》中那个神奇男孩的样貌。甚至我好像觉得，自己在哪儿见过这张脸——虽然我心里清楚，到目前为止我和菲利克斯都不可能认识。

一位中年男人和一个小男孩同时出现在舞台上，他们和观众打过招呼后就开始做《记忆法》演出的准备了。这项工作精心且细致。魔术师（我在内心这样默默地称呼他）把小男孩的双眼蒙起来，让其坐在舞台中心的椅子上，背对着观众。

有几位观众被叫上了舞台，以便监督并证实演出的真实性，没有欺骗行为。

魔术师则走下了舞台，穿梭在后排的座位之间。他手中拿着一个文件夹，里面装有纸片，他让观众把心里默想的物品写在纸上——任何东西都可以。

魔术师说道："请把你写的单词的序号记好了，菲利克斯会把这些序号说出来。"

"小伙子，您可以写几个单词吗？"——魔术师问我。

这个突如其来的请求让我异常激动，可无论怎样，我都不知道该写点儿什么。

旁边的女孩催促我："赶紧写呗，不要磨蹭！要是你不知道写什么，那就写：铅笔刀、雨、火灾……"

我尴尬地把这三个单词写在了序号为68、69、70号卡片的后面。

"请各位记住自己的单词序号！"魔术师一边说着一边走向远处的座位，并请人继续在纸片里添上新的单词。

"第100个！够了，谢谢您！"他终于大声地宣布。"请各位注意！现在我要大声朗读一遍所有的单词，菲利克斯能把第1个到第100个单词牢牢地记住，并且可以以任何顺序重复这些单词：从头到尾，从尾到头，中间隔1个、3个或者5个，他也可以按照您的要求说出任何一个序号的单词。开始！"

"手枪、天平、灯泡、镜子、捡到的物品、楼梯、马车夫、肥皂、车票、望远镜……"魔术师把这些单词一个个读完，却没有发表任何评论。

朗读并未持续太长时间，但我却觉得单词目录好像长得没有尽头。真是无法让人相信，这份目录里只有100个单词。要把这些单词记住是非一般人所能为的。

“烟卷、糖果、雪花、小链子、糖果、胸针、别墅、铅笔刀、雨、窗户……”魔术师继续单调地朗读着每个单词，当然也没有漏掉我写的。

小男孩仿佛睡着了，纹丝不动地坐在舞台上专心地听着。他真的能一字不漏地复述出每个单词吗?

“星星、椅子、帷幕、剪子、橙子、邻居、吊灯。结束！”魔术师宣布道。“现在请观众朋友们自己挑选出几位监督员，我将交给他们这张单词表，请他们监督菲利克斯的回答并向你们公布是否正确。”

三个被挑为监督员的观众中，有一位矮个儿是我们学校高年级的学生——他懂事又谨慎。

“注意啦！”“监督委员会”拿了单词表并在大厅坐下后，魔术师大声宣布。“现在将由菲利克斯从单词表的第1个背到第100个。请监督员认真对照单词表。”

大厅里一下子安静了，菲利克斯洪亮的声音从舞台上传来：“手枪、天平、灯泡、镜子、捡到的物品……”

菲利克斯仿佛是在看着书本念单词一样，从容自信、毫无停顿、不紧不慢地背出了每个单词。我吃惊地看看那个坐在远处背对着我们的小男孩，又看看在观众席椅子上站着的三位监督员。菲利克斯每念出一个单词，我都盼望能听到有一位监督员喊道：“不对！”但是监督员们盯着单词表，脸上只有专注的神情。

小男孩在继续背单词，也包括我写的那三个（我没预料到会从头到尾检验单词顺序，所以无从得知，68、69和70是否就是那三个单词的序号）。他继续不加停顿地背单词，直到背出最后一个："吊灯。"

"全部正确，没有任何错误！"那位身为炮兵的监督员向大家宣布。

"你们是否想让菲利克斯倒着背出来所有单词呢？是中间隔3个、5个？还是从一个指定的单词背到另一个？"

一阵嘈杂声从观众中传来："在中间隔5个！……所有偶数……每隔4个，隔4个！……倒着背后半部分！……从第64个到最后！……所有奇数的倍数！……"

"听不清楚，请各位不要同时说话。"魔术师恳求道，试图降低嘈杂声。

"从第37个到第73个。"在我前面坐着的水兵大声喊道。

"好的。听好了！……听好了！菲利克斯，请从第37个单词开始，背到第73个。请评委们注意核对答案。"

那个男孩立刻就开始依照指定的顺序——从第37个到第73个背单词，并且一字不漏地背出了每个单词。

"现在是否有观众愿意让菲利克斯说出任何一个单词的序号？"魔术师问道。"铅笔刀！"我鼓起勇气，满脸通红地大声喊道。

"第68！"——菲利克斯马上回答了出来。

单词序号回答正确！

各种问题从观众席的各个角落纷纷传来。菲利克斯准确地给出了每个问题的答案："雨伞：第64，糖果：第43，手套：第47，手表：第86，书：第41，雪花：第75……"

魔术师宣布第一环节的表演结束时，久久不息的掌声从观众席里传来，大家高喊着菲利克斯的名字。他走到台前，朝着每个方向微笑了一下就退到了舞台后面。

腹语表演

这时，有人拍了我的肩膀一下。我扭头一看：站在我旁边的是三天前和我一起看海报的那位留级生。

“嘿，小家伙，怎么样，被骗了吧？”

我气愤地反驳他：“难道你没有被骗？”

“我？哈哈！一开始我可是就知道事情会那样的。”

“你知道得真不少，可你还是被骗了。”

“绝对没有！这些把戏我可是一清二楚。”

“你能知道什么呀？我看你什么都不知道。”

“我知道所有的秘密。这是腹语！”他意味深长地说了一个我不懂的单词。

“什么是腹语？”

“这个叔叔是腹语表演者，他能用肚子把话说出来。他先大声提问，然后用腹语回答自己。但是观众却以为是小男孩在回答问题。实际上，那个小男孩什么都没说。其实啊，他正坐在椅子上打瞌睡呢。这就是事实，小家伙！这些把戏我可是很清楚。”

“等等，人怎么能用肚子说话？”我困惑地问道。

但是他已经转过身去，没听见我的疑惑。

我来到一个在观众厅隔壁的大厅，休息期间大家都在这儿转悠。我看见那3位监督员被一群人包围着，他们在热烈地讨论着。我停下了脚步。

“首先，腹语表演者们完全不是大部分人简单地认为的那样是用肚子发音，”一位炮兵说，“只不过有时他们的声音好像是从身体里面发出来的。实际上，腹语者的秘诀在于，嘴唇一动不动，不会运用脸上的任何一块肌肉。因此，他说话的时候，虽然我们可以看

着他，却不会发现他在说话。就算是把一根燃烧的蜡烛放到他嘴边，他也不会让火苗抖动：他的呼吸就是这么轻微。并且腹语者从始至终不会改变自己的声音，因此我们就会觉得声音仿佛是从别的什么地方传来的——就像是一个木偶或是类似的东西在说话。腹语表演的全部秘密就是这样。"

"不仅如此，"人群中的一位老者插话道，"他还会使用其他技巧把观众们的注意力转移到别的地方去，让大家以为声音好像来自别处。与此同时，他还会转移自己身上的注意力，用来掩藏真正说话的人……或许，腹语表演者们的把戏和古代巫师们的语言是一样的吧。"

"所以你的意思是，这位神奇的魔术师其实是一位腹语表演者？这就能够解释这场神奇的表演了？"

"恰恰相反，我真正想说的是，这场演出中并没有什么腹语。我只是刚好提到腹语表演而已，因为我们中很多人都把这看作是一场腹语表演。我想声明的是，这种猜测是完全没有依据的。"

“那这场表演的秘密到底是什么呢？为什么它就不是腹语表演呢？”人们异口同声地问他。

“其实非常简单。因为单词表在监督员的手里：那个男孩在背单词的时候，魔术师没办法看到单词表。因此，即使这位魔术师的确是一位腹语表演者，他怎么可能把所有的单词记下来？再说，就算这位小男孩只是一个不敢说话的木偶人，只是一个道具，发挥不了什么作用，那魔术师得有多么超常的记忆力！所以腹语表演根本无法解释这场演出，否则只会把事情的真相引往别的方向。如果最后是那样，我们就只好承认，这位魔术师究竟是不是腹语表演者已经不重要了。”

“那到底怎么来解释这一场演出呢？这难道真的是奇迹吗？”

“很显然，这当然不是什么奇迹。然而我不得不承认：我想不出任何理由来解释这一切，我糊涂了……”

铃声响了，下半场演出开始了。人们又回到了自己的座位上。

节目单之外

魔术师在休息之后，开始动手做些令人费解的准备。

他把一个由一个底座和垂直固定在底座上的木棍组成的支架搬到舞台中央，木棍的高度和一个人的身高大概一样。然后，魔术师将一把椅子移近木棍，接着示意那个男孩站到椅子上去，接下来，他将小男孩的右胳膊放到木棍顶端，紧接着又拿来一根木棍把男孩的左胳膊托住。

做完这些莫名其妙的准备工作之后，魔术师用手在小男孩的脸周围做了一些令人难以理解的动作，好像是在抚摸小男孩，但并没有真正触摸到他。

“魔术师是在哄小男孩睡觉。”一位在我后边坐着的人说。

“那是在施催眠术！”一位坐在我左边的女观众纠正道。

的确，魔术师的这些动作真的让菲利克斯睡着了：他一动不动地站着，紧紧地闭着双眼。

然后又出现了最神奇而又最难以让人理解的事情。魔术师小心翼翼地抽出了男孩脚下的椅子，于是小男孩悬在了空中，胳膊撑着两根木棍。魔术师又移开了男孩左胳膊下面的木棍——尽管只有一只胳膊靠在木棍上，菲利克斯依然一动不动地悬在空中。这太令人惊讶了！

“催眠术！”我旁边的女观众解释道，她又补充说，“现在魔法师就可以随意摆弄这个小男孩了。”

事实证明她是正确的，因为魔术师将小男孩的身体稍微动了动，让他和木棍之间形成了一个角度——而菲利克斯的身体竟然就像没有受到重力作用似的，非常听话地一直保持着这种倾斜的姿态。魔术师再次把小男孩的身体移动了一下——而他的右胳膊靠在木棍末端，竟然就这样奇迹般地以水平状态悬在空中。

“这个可是在节目单之外的节目了。”在我左边坐着的观众说。

“什么意思？”我问。

“在节目单之外。”

“我不明白，如果节目单中没有的话，他在舞台上干什么？”

“我是说在节目单中没有这个节目。因为在海报中没有这个节目，所以说它是在节目单之外的。”

“可到底是什么东西在支撑着那个男孩呢？”

“这我就不知道了。可能是以某种方式把他悬起来了吧。坐这么远可看不清楚是什么东西在撑着他。”

“告诉你们这是催眠术！”坐在我左边的女观众插嘴道，“现在不管怎么摆弄那个小男孩都可以。”

“一派胡言！”在我右侧的男士反对道，“人在被催眠状态下不可能悬起来。他们一定用了某种变魔术的细绳或者透明的带子什么的，准没错。”

但是菲利克斯确实就这样一直悬着，没有任何东西在支撑着他：魔术师还专门用手在他身体上面来回挥舞了几下，以此表明，这个节目没有用到任何隐形的细绳或带子。然后他又用同样的动作在小男孩的身体下面挥舞了一番。显然，也没有任何透明的支撑物在小男孩的身体下面。

“看到吧，看到吧！我就说了……这绝对是催眠术。”我的女邻座非常得意。

“这绝对不是催眠术，”另一边的男士懊恼地回应道，“是魔术，不可能是其他的。魔术师们会变的魔术太多了！”

菲利克斯还是以水平状悬在空中，就像是睡在一张隐形的床上。

接着，魔术师将男孩的双眼蒙上，走到台前正式向大家宣布：表演即将开始。

心灵感应术

“你们将看到的是，”魔术师说道，“虽然菲利克斯悬在空中并且蒙着眼睛，但是他能猜出在各位的衣服口袋、钱包里装的东西。下面请各位欣赏——心灵感应术！”接下来的一切是如此不同寻常、令人惊叹，魔术师简直就像是在使用某种魔法。我完全看不出门道，只能坐在座位上看着，像着了魔一样。

我现在尽力描述一下当时的场景，尽管只是其中的一部分而

已。魔术师来到观众厅，在观众席之间走来走去。他走到一位观众面前，请这位观众从上衣口袋里掏出一件东西。这位观众掏出了一个火柴盒。

“注意啦！菲利克斯，你能不能说出，我现在在一位什么样的人旁边站着呢？”

“军人。”舞台上传来了菲利克斯的回答。

“正确！现在他给我看的是什么东西？”

“一个火柴盒。”

哪怕菲利克斯没有蒙着眼睛悬在半空中，他也不可能看清楚这位军人向魔术师出示的是一个火柴盒，因为这位军人的座位离舞台非常远，再加上大厅里光线微弱。

“对了！”魔术师继续问道，“那你再猜一猜，现在我又在他手里看到了什么？”

“火柴。”

“正确！现在呢？”

“眼镜。”

菲利克斯答对了全部的问题！

魔术师离开这位军人，继续脚步轻盈地在观众席之间穿梭，最终他在一位中学生旁边停下了。

“菲利克斯，我现在走到了一位什么样的人面前？”他再次问道。

“一位姑娘。”

“正确！你能不能回答我，她递给我的是什么东西？”

“梳子。”

“棒极了！现在呢？”

“手套。”

再次全部回答正确！

“现在是一位什么样的人在给我看东西呢？”——魔术师悄悄移动到另一个观众旁边。

“一位文职人员！”

“真棒！他展示给我的是什么东西？”

“钱夹。”

这种表演绝不可能是腹语术：这么多人在魔术师旁边坐着，这么多双眼睛机警地观察着他的一举一动。毫无疑问，是菲利克斯在说话，而不是别的什么人。他似乎真的能够知晓魔术师脑袋里的想法。

然后，我听到了更加令人震撼的对话。

“现在猜一猜，我从钱包里掏出了什么？”

“3个卢布[1]。”

---

[1] 1卢布=100戈比。

再次正确！

“现在呢？你能告诉我吗？”

“10个卢布。”

“太棒了！你能说出现在我拿的是什么吗？”

“一封信。”

“现在我在一位什么样的人面前站着呢？”

“一位大学生。”

“真聪明。那你说一说，他递给我的是什么东西？”

“一张报纸。”

“没错。你再猜一猜，刚才我从他那里拿过来了什么东西？”

“一枚大头针。”

就在如此紧张的气氛中，男孩继续回答着，并且没有犯一次错，更重要的是他甚至没有出现一次停顿或是迟疑。

如果说菲利克斯在舞台上能清楚地看到魔术师手中拿着一枚大头针，那可真是太荒唐了。但是如果这一切不存在欺骗，那究竟会是什么？先知？超自然的能力？心灵感应术？真有可能吗？

直到演出结束，这些问题依然在我的脑海里盘旋。

在回家的路上，我一直思考着这些问题，甚至整晚都在思考。我根本没法睡着，这场非比寻常的演出令我久久无法平静。

住在楼上的小男孩

大概是两天之后，正在上楼梯回家的我看见一个小男孩走在我前面。我一眼就认出了他，他是前段时间和一位年迈的亲戚一起搬到我们楼上的。这一老一少总是离群索居，从没见过他们和其他人来往，所以至今我都还没有机会和这位小邻居说上一句话，我甚至没能看清楚他的样子。

小男孩一只手提着煤油瓶，另一只手提着一篮子蔬菜，慢慢地沿着楼梯往上走着，他听到背后传来脚步声后转过头来。我被眼前的一幕惊住了，待在原地一动不动，他居然是菲利克斯！

怪不得当我看到舞台上那位小男孩时觉得面孔那么熟悉！

我一声不响地盯着他，不知该和他说点儿什么。等我回过神来，我前言不搭后语地说："欢迎你到我家来做客……我会把收集的蝴蝶标本给你看……有蝴蝶，有飞蛾……并且我还自己用瓶子做了一台电机……它的电火花特别漂亮……到我家来吧，你将看见……"

"你会做那种带帆的小船吗？"

"虽然我没有小船。但我的罐子里既有蝾螈[1]……又有婆罗洲的，冰岛的……各种各样罕见的邮票，收集了足足一本集邮册。"

出乎意料的是，这本集邮册竟帮我达到了目的，并且很顺利。菲利克斯居然是一个狂热的集邮爱好者。一听到我说集邮册，他的双眼立刻放出了光芒。

他走到我面前，问："你有很多邮票吗？"

"是啊，我的那些邮票特别少见：有尼加拉瓜的，有阿根廷的……来我家吧！今天晚上就过来！看这套房子，到时候你按一下门铃就可以了，我们就住这里，我自己单独住一个房间。并且今天我们老师基本上没有布置多少作业……"这是我们第一次单独见面，菲利克斯应邀明天到我家里来做客。他来的时候已经是第二天傍晚时分了。我迫不及待地把他领到房间里，开始让他欣赏我的那些宝贝：60只蝴蝶标本是我用了两个夏天的时间收集的，令伙伴们

[1] 蝾螈是一种两栖纲有尾目动物，外形类似爬行类的蜥蜴，分布在淡水和沼泽地区。

羡慕不已、我自己也引以为傲的电机，是我用啤酒瓶做成的；放在一个玻璃罐里的4只北螈是去年夏天捕捉的；那毛茸茸的一只小狗似的玩弄着自己的爪子的是玩具猫谢尔科；再就是那本集邮册，在班上我可是唯一的拥有者。菲利克斯感兴趣的只有邮票。他所拥有的邮票还不足我的十分之一。他告诉了我他收集邮票困难的原因：尽管邮票可以在商店里买到，但舅舅不给他钱（其实他的舅舅就是那个魔术师，菲利克斯的父母很早就去世了，他是个孤儿）；因为他不认识别的人了，所以也不会有和他交换邮票的；也从来没有人给他写过信；他们没有固定的住所，不像其他人一样能在一个地方常住，总是不停地从一个城市搬到另一个城市，漂泊无依。

“你怎么会没有认识的人呢？”我不解地问。

“肯定不会有啊！在这才跟某个人认识了，不久又要搬到陌生的城市，自然而然就失去联系了。同一个城市我们不会再去第二次。再者，舅舅也不允许我跟别人联系。我就是瞒着舅舅偷偷来你这儿的，他不知道我出来了，当时他出去了。”

“你的舅舅怎么不愿意让你交朋友呢？”

“他怕我会把秘密泄露给别人。”

“什么秘密啊？”

“有关魔术的秘密。一旦泄露就不会有人来看我们的表演了，也没什么值得看的。”

“如此说来，那些都是魔术表演？”

菲利克斯并未作答。

“你和舅舅真的是表演的魔术，是吗？快说啊？”我不停地追问着。

他头也不抬、一声不吭地翻阅着我的集邮册。想从菲利克斯那得到问题的答案可不是件易事。

“你有没有阿拉伯的邮票？”他到底开口说话了，却依然认真地翻看着集邮册，仿佛完全没听到我的问话一样。

我明白，想要从他嘴里获得答案不大可能，所以我就让他尽情欣赏我的宝贝。那天黄昏，从菲利克斯那里我没有得到任何信息来解释《世纪奇迹》。

非凡的记忆力的秘密

我还是实现了自己的愿望！第二天菲利克斯对我揭晓了有关非凡记忆力秘密的答案。至于我是怎么赢得他的信任，使他直言不讳的，我便不详解了。我只得忍痛割爱——12枚最稀有的邮票。

菲利克斯最终还是没能经受住诱惑。

这发生在菲利克斯的家中。我如期而来，菲利克斯的舅舅会出门，他在前一天晚上就知道了。

在揭晓答案之前，菲利克斯再三让我谨慎发誓：“不管在什么情况下，我绝对永远不会把这个秘密透露给别人。”然后他取出一张纸来，在上面画出了一个表格：

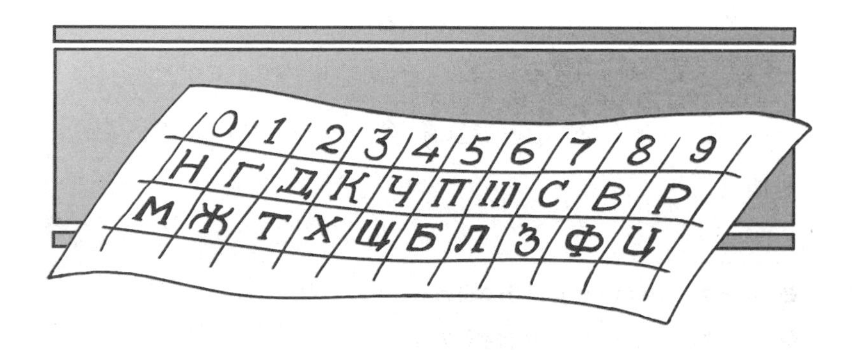

0	1	2	3	4	5	6	7	8	9
Н	Г	Д	К	Ч	П	Ш	С	В	Р
М	Ж	Т	Х	Щ	Б	Л	З	Ф	Ц

我糊里糊涂地一会儿看图纸，一会儿看菲利克斯，期望着他能详细地说明。

“看到没有？”菲利克斯降低音调，诡秘地说道，“看见了吧，我们的数字是用字母来代替的。用字母H来代表0，因为0的首字母就是H；也可用M表示。”

“为什么能用M来代表0呢？”

“由于二者发音类似。用字母г来代表1，因为它们的形状极为相似。”“那么ж和1又有何相同之处呢？”

“一般发生音变的时候，г就变成了ж。”

“我知道了。数字2可以用字母д来代表，由于2的首字母是д。而T和д发音类似，也可以用д来代表数字2。那为什么3用K来代表呢？”

“因为K由三画组成，且x与K发音类似，因而也可以用x来代表3。”

“居然是这样。和4对应的是ч或者和它发音类似的щ[1]；和数字5对应的却是字母п或者与其发音类似的б[2]；数字6对应的字母是Ш[3]。但为什么6也可以用п来代表呢？”

“没有什么原因，只要记住用п来代表6就行了。”

“至于为什么与7对应的是C和З[4]，8对应的是B和Ф[5]，这都容易明白。”

---

[1] 译者注：俄语中，数字4的首字母为ч。

[2] 译者注：俄语中，数字5的首字母是щ。

[3] 译者注：俄语中，数字6的首字母是п。

[4] 译者注：俄语中，数字7的首字母是C，C和З发音相似。

[5] 译者注：俄语中，数字8的首字母为B，B与Φ发音相似。

“不错。但为什么与9对应的是P呢？”

“因为在镜子中P和9极像。”

“那为什么9可以用ц来代表呢？”

“因为字母ц与数字9有一个共同点，下面都有一个小尾巴。”

“要想牢记这个表格倒不是难事儿，关键我还是不明白它的作用是什么。”

“稍等。表格中只包括了辅音字母。假如把这些辅音字母与元音字母联系在一起——要知道元音字母是不能代表数字的——就可以得到用来表示数字的单词了。”

“例如？”

“例如‘窗户’这个词就代表数字‘30’，由于字母K代表数字3，而H则代表的是0[1]。”

“每个数字都能用一个单词代表吗？”

“当然了。”

“哦，那么‘桌子’代表一个什么数字呢？”

“736：C对应7，T对应2，л对应6[2]。所有的数字都能搭配一个单词，自然这并不都是件容易的事情。你多大了？”

“12岁了。”

“哦，这能用单词‘年代’代表：г对应1，д对应2[3]。”

“假如我是13岁呢？”

“那就用‘甲虫’来代表：ж代表1，К代表3[4]。”

“若是453呢？我毫不犹豫地脱口而出。”

“长烟斗杆。”[5]

“真有意思！这自然就有助于你记数字了。但是你演出的时候是背诵单词，而并不是数字，这是为什么呢？”

舅舅将1至100的数词按顺序都配上了单词。例如1到10对应的单词分别是：

1——刺猬；2——毒药；3——奥卡河；4——白菜汤；5——墙

---

[1] 译者注：俄语中，“窗户”这个单词里包括一个К与一个Н。

[2] 译者注：俄语中，单词“桌子”中包括字母С、Т与л。

[3] 译者注：俄语中，单词“年代”中包括字母г与д。

[4] 译者注：俄语中，单词“甲虫”中包括字母ж与К。

[5] 译者注：俄语中，单词“长烟斗杆”中包括字母ч——4、ъ——5与К——3。

纸[1]；6——脖子；7——胡子；8——柳树；9——鸡蛋；10——火焰[2]。

“我一点儿也不明白！什么是‘顺序数词’？这又有什么含义呢？”

“哦，你可真不精通推测！‘刺猬’能够代表1，由于ж代表的是数字1；‘毒药’对应2；‘奥卡河’对应3；‘白菜汤’对应‘4’……”

“这回清楚了！‘墙纸’对应5，因为ъ替代的是5……”

“哦，正是这样。你都见到了，想记住这些单词并不是一件多么困难的事儿。把这10个单词都记住了以后，无论别人给你读出10个什么样的单词，你都可以把它们联系到一块儿。”

“如何联系到一块儿？我不清楚。”

“你随意写出10个单词，我给你讲讲。”

“我”写的10个单词分别是：雪、水桶、笑声、城市、图画、靴子、汽车、绳子、金子、死亡。

在别人把这10个单词读给“我”听时，“我”在脑海里就会把其中的一个单词与一个对应的顺序数词联系到一块儿了，获得的结果便是：

---

[1] 译者注：俄语中，单词“刺猬”中包含字母 ж；“毒药”中包含字母 д；“奥卡河”中包含字母К；“白菜汤”中包含字母 щ；“墙纸”中包含字母 ъ。

[2] 译者注：俄语中，“脖子”中包含字母 ш；“胡子”中包含字母С；“柳树”中包含字母В；“鸡蛋”中包含字母 ц；“火焰”中包含字母 г 和Н。

1.一只刺猬循着雪地奔驰。

2.毒药放在水桶里。

3.一阵笑声从奥卡河上传来。

4.在城市里有人喝白菜汤。

5.一幅图画被挂在墙纸上。

6.脖子上挂着一双靴子。

7.汽车里有卡住的胡子。

“汽车里怎么有卡住的胡子呢？这听起来太荒谬了。”

“荒谬就荒谬吧。荒谬的东西却恰恰有助于记忆。为什么‘刺猬循着雪地奔驰’‘脖子上挂着一双靴子’？这也很荒唐，反而很容易便能记住。”

“哦，你接着说。如何把‘柳树’与‘绳子’联系到一块儿呢？”

“柳树长得如绳子那样高。”

“那么‘鸡蛋’与‘金子’呢？两者没有相同的地方吧？”

“鸡蛋黄的颜色如同金子一般。”

“那么‘火焰’能造成‘死亡’？”

“暂时先这样认为吧。把这些单词组合完了以后，我目前只要按顺序牢记每个单词对应的顺序数字所代表的单词，就可以把整个单词表记住了。”

“一只刺猬循着雪地奔驰；毒药放在水桶里；一阵笑声从奥卡河上传来；在城市里有人喝白菜汤。”

“等一等，其余的我来试试：一幅图画被挂在墙纸上；脖子上挂着一双靴子；汽车里有卡住的胡子……”

“你也清楚了吧，有时荒谬的句子能帮上我们很大的忙。那第8个单词代表什么呢？”

“8.柳树长得如绳子那样高；9.鸡蛋黄的颜色如同金子一般；10.火焰能造成死亡。”

“现在你来说一下第5个单词代表什么。”菲利克斯建议说。

“5——图画——墙纸。”

“现在你再来试一下把这10个单词按顺序倒背出来。”

起初我对自己很没信心，可使我惊讶的是，我居然丝毫不差地背出了全部单词。

“乌拉！”我按捺不住开心欢叫道，“现在我也是魔术师了！”

“要知道，你可是立过誓的……”

“我明白，你别害怕，我随口一说罢了。要清楚你记的不是10个单词，而是100个呢！你是如何做到的？”

“方法一样。只需牢记100个数字所对应的单词就行了。”

“那你跟我讲讲11到20都代表什么单词吧。”

菲利克斯写出了以下组合：

11——绒鸭；12——坏蛋；13——甲虫；14——渣滓；15——嘴唇；16——针；17——鹅；18——龙舌兰；19——山；20——房子。

“也可以是其他的单词，”菲利克斯阐释说，“你自己可以尝试找些单词出来。例如，之前我们是用‘鱼竿’而不是用‘毒药’来代表‘2’的。因为把‘2’和‘鱼竿’结合起来不太便利，所以我就让舅舅把‘鱼竿’换掉，因此舅舅就想出了‘毒药’。之前我们用‘晚饭’来代表‘10’，而我自己用‘火焰’来替代。‘龙舌兰’就不是一个很完美的单词，只是舅舅目前还没有想出更好的来。”

“但需牢记的是100句话啊！这难道不困难吗？”

“假如时常演练的话就不是难题了。最近那次演出的时候观众给出的100个单词我至今历历在目。”

“你还记得我写的那几个单词吗？”

“它们的序号是多少？”

“68、69、70。”

“铅笔刀、雨、火灾。”

“不错！你是如何记住的呢？”

“是这样的：‘68’对应的是‘锡’；‘69’对应的是‘椴树’；‘70’对应的是‘睡眠’。用锡是制不出铅笔刀的；一个人到椴树下面躲雨；睡梦中见到了火灾。”

“要记住这些单词需要很长时间吧？”

“在上一次表演之前，大概……舅舅，舅舅回来了！”透过窗户看到舅舅走进院子，菲利克斯吓得慌张起来，“你赶快走。”

在魔术师还没有走进楼梯的时候，我便顺利地溜回了自己的屋里。

一只刺猬循着雪地奔跑
①
脖子上挂着一双靴子
⑥
毒药放在水桶里
②
汽车里有卡住的胡子
⑦
一阵笑声从奥卡河上传来
③
柳树长得如绳子那样高
⑧
在城市里有人喝白菜汤
④
鸡蛋黄的颜色如同金子一般
⑨
一幅图画被挂在墙纸上
⑤
火焰能造成死亡
⑩

心灵感应术的秘密

我欣喜若狂，因为我早已知道了一半的秘密……在全部的观众里仅有一个人清楚这个魔术的秘密，我就是那个唯一的人！

到了第二天，我明白了秘密的另一半，为此也付出了巨大的代价：我的集邮册，我用了两年之久收集的全部邮票都属于菲利克斯了。然而应该承认的是，最近几个月我一直沉迷于电子实验与设备，已经大大减弱了对那些邮票的热情，因此放弃这些邮票我并没有觉得有太多的遗憾。

我又一次立誓并保证绝不泄露秘密以后，菲利克斯跟我讲，他跟舅舅之间有提前准备好的暗语，他们利用这套暗语能光明正大地在有观众在场的情况下进行交谈，这一点是任何一位在场观众都想不到的。

下一页展现了这套暗语的秘密词典的一部分。

我并没有马上就明白这个表格的含义。菲利克斯给我举例说明他跟舅舅是怎样用这套暗语进行交流的。假如有一位女观众把自己的钱包给舅舅，接下来舅舅便会依照以下方式大声地向坐在台上被蒙着眼睛的菲利克斯提问：

“你知道刚刚是谁交给我一件东西吗？”

“知道”在表中表示的正是“妇女”。菲利克斯便会回答道：“一位妇女。”

用来提问的词语	表示的意思		如果之前已经说过“聪明”这个词了，那么表示的意思则是:
怎样，什么样的	1 戈比或 1 卢布	文官 	文件夹 
现在，什么，哪里	2 戈比或 2 卢布	大学生 	钱包 
那你猜猜看	3 戈比或 3 卢布	姑娘 	铜币 
正确！请	5 戈比或 5 卢布	水兵 	头币 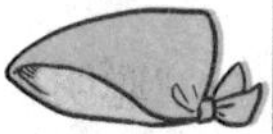
你能不能	10 戈比或 10 卢布	军人 	信封 
推断一下	15 戈比	妇女 	银币 
请问	20 戈比	小姑娘 	铅笔 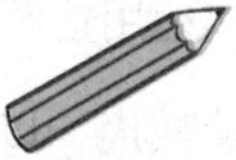
好样的，试试	外国硬币	小男孩 	纸烟 

“聪明！”舅舅高声说，“现在请你回答我，这件东西是什么？”

依据表格，“聪明”与“现在”代表的是“钱包”。在听到菲利克斯精确的回答以后，舅舅继续问道：

“聪明！你能否回答我，我现在从钱包里取出了什么？”

“是一封信。”菲利克斯回答道，因为他清楚“聪明”与“你能”组合在一块儿暗指什么。

“聪明！那你猜猜看，现在我手里拿的东西是什么？”

“是一枚铜币。”菲利克斯回应道，因为依照他们所用的暗语，“聪明”与“猜猜”的含义指的就是铜币。

“不错！那你猜猜看这枚铜币的面值是多少？”

“是3戈比。”

“聪明！请问现在我取到了什么东西呢？”

“是铅笔。”

“正确！请告诉我它是谁给我的？”

“一个水兵。”

“聪明。推断一下他现在给我的又是什么？”

“是一枚银币。”

运用这套暗语，舅舅可以随便提问。“聪明”“正确”“好样的”等呐喊声，以及“你能”“知道”“是的”“猜猜”这类单词均是最多见的最难被别人发现漏洞的词汇了，所以不会引起观众的怀疑。

另外，还有一个提前商定好的暗语表。表格中所列出的词汇几乎就能包括观众口袋里的全部物品，所以没有一样东西能让魔术师猝不及防。

然而这并不是所有的秘密。为了能赴约到观众家里进行演出，舅舅与外甥运用了其他的词汇来代表下页图中的物品。

只要把这个表格牢牢记熟，舅舅和外甥就能够开展优秀的演出了：菲利克斯闭着眼睛便能猜出观众的一举一动。基本上他们之间的对话都是这样进行的：

“现在是哪个客人站起来了？”

“是大学生。”（“现在”在图中代表“大学生”。）

“他正向着什么东西走去？”

“食品柜。”

“是的。现在他走到了什么东西附近？”

“炉子。”

“正确！现在他朝哪里走去？”

“客厅。”

举一反三。

最终，又有一套为猜测手指头和扑克牌的专门暗语：大王、2、3、5、10的表达方式和1戈比、2戈比、3戈比、5戈比、10戈比一样；4和15戈比的表达方式一样，6和20戈比的表达方式一样……如此。

总而言之，全部都是事先想好的，而且连细节都沟通好了。只要熟悉了这套暗语，就足以用最与众不同、五花八门的神奇的心灵感应术来让观众感到惊讶了。

用来提问的词语	之前已经说过的词语			
	正确	太好了	好	太棒了
	那么意思就是			
怎样，什么样的	烟盒 	戒指 	手表 	扇子 
现在，什么，哪里	雪茄 	胸针 	眼镜 	手套 
那你猜猜看	火柴 	勋章 	夹鼻眼镜 	帽子 
正确！请	打火机 	小坠子 	烟嘴 	大檐帽 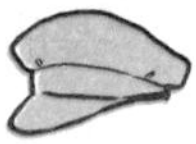
你能不能	火柴盒金属套 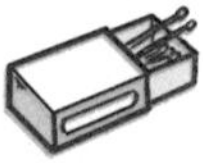	簪子 	梳子 	拐杖 
推断一下	烟灰缸 	金属帽 	照片 	书 
请问	缝纫针 	小刀 	花 	报纸 
好样的，试试	大头针 	鹅毛笔 	刷子 	杂志 

现在，不管心灵感应术对我来说是多么容易，当我在揭开这个秘密的时候，都必须为这一计谋所包含的敏捷的才智感到震撼。诚然，我是始终也猜不出其中的奥妙的，所以尽管花了全部的邮票来获得这一秘密，我也毫不惋惜。

但还有一个谜底没有解开：菲利克斯匪夷所思地浮在空中的秘密——把一只胳膊靠在木棍上，菲利克斯长时间水平地躺在空气中是怎么做到的呢？人们都说这是催眠术。可这到底是什么呢？为了回答这个问题，菲利克斯把抽屉打开了，从中拿出一件怪异的物品：一根有着几个圈状物和几根皮带的铁条。

“就是这个东西把我依托住的。”菲利克斯轻声地说。

“你就是躺在这个东西上？”我百思不解地问道。

“我是把它穿在身上的，穿在衣服里面。你看好了，”他轻快地把一只手和一只脚伸进圈状物中，将皮带系在胸脯与腰部，“假如现在把铁条的这端插到木棍里，我就能够浮在空气中了。观众是看不出来我是躺在什么东西上的。舅舅不知不觉地就把我装置好了。我这样躺着特别舒服，一点儿也不会觉得累。假如你想睡的话，尽兴睡就好了。”

“莫非那天演出的时候你没有睡着？”

“是在舞台上吗？干吗一定要睡着呢？我只是闭目养神罢了，舅舅让我这么做的。”

我记起坐在我身旁的观众们的争论，禁不住捧腹大笑：原来是这样！

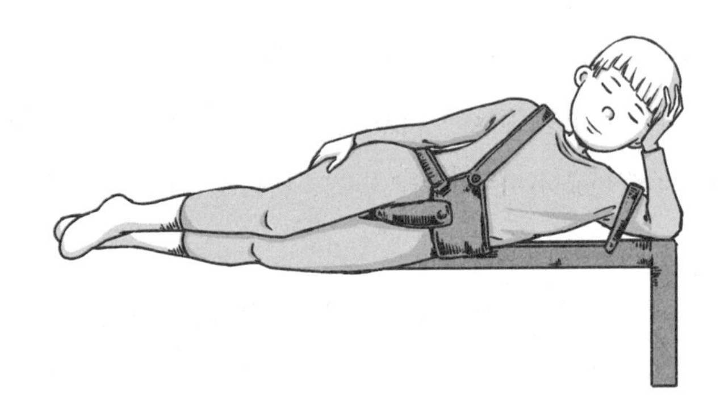

我用了最庄重的语言向菲利克斯再三保证，我绝对不会跟任何人吐露有关这个秘密的一点一滴。之后我便走出了菲利克斯的屋子。

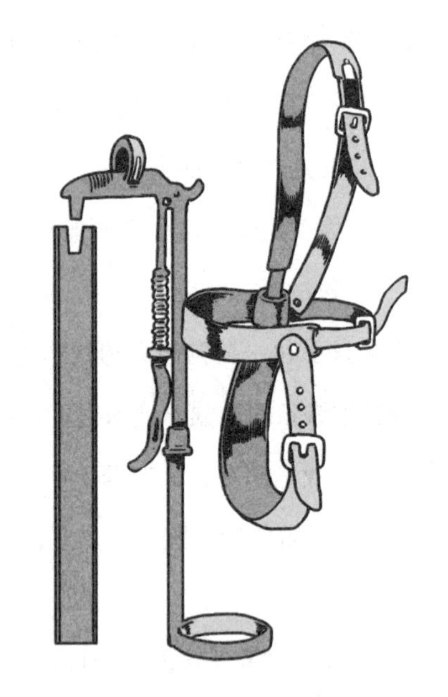

第二天，我在窗边站着，看到了菲利克斯和他的舅舅坐着马车奔向了车站。《世纪奇迹》的表演也离开了我的城市。

我没料到的是，这竟是我最后一次见到菲利克斯，之后我们再也没有见过面。后来我也没有听说过与《世纪奇迹》在另外的城市表演的有关信息。

然而我仍旧遵守承诺，多年以来都没有跟任何人提过有关“惊人的记忆力”和“心灵感应术”的秘密。

别赫捷列夫教授的文章

我现在理应来讲一下，我认为可以不用再保守菲利克斯告诉我的这个秘密的原因了。道理很简单：因为我得知这个秘密已经被揭穿而且在某些杂志上也发表过了。如今，我也没有任何意义再继续隐瞒下去了。菲利克斯已经不是仅有的“世纪奇迹”了，也不是仅有他舅舅这样的魔术师能表演这类魔术了。

有一天，我无意中看到一本畅销的德语杂志，其中就精确地讲述了关于一次性记忆大量单词的方法，这一方法为那些周游四方的魔术师们所使用。又过了一段时间，我从一本俄语医学杂志上看到一篇文章，此篇文章是俄国闻名的别赫捷列夫教授所写，他揭示了神奇的心灵感应术的奥妙。这篇文章非常有教育意义，所以我把它摘录下来——尽管现在的读者可能再也不会觉得里面有多少让人惊讶的东西了：

1916年的春天，一家露天剧场宣布通告：一位女演员会过来表演，她有先见之明，离得很远便能看穿别人的心思。整场演出便是在那样的气氛中进行的：一个11岁左右的女孩登上舞台，工作人员将一把椅子挪到女孩面前，小女孩站到椅子的背后，一只手轻轻扶着椅背。接着小女孩的眼睛被一块大手帕严严实实地捂了起来。一切就绪之后，小女孩的父亲就开始在观众席间来回穿梭。庞大的剧场大厅高朋满座。女孩的父亲一边窥察观众手里的物品或衣服上佩戴的徽章，或者是用手触碰观众口袋里的东西，一边以发问的形式让站在舞台上的小女孩解答出这些物品的称号。小女孩听到问题就能马上大声且丝毫不差地说出东西的名称，她回答的大部分问题极其迅速。

她的父亲走近我们包厢，用手指向我对女孩说："这位又是谁？"

从女孩的方位迅速传来嘹亮的回答："是位教授。"

"他的名字是什么？"

舞台上又一次传来丝毫不差的作答。

我从衣服口袋里拿出一本叫作《医学日历》的杂志，请小女孩说出这本杂志叫什么名字。伴随着父亲的发问舞台上传来准确的答案："是日历。"

小女孩的作答赢得的掌声可谓震耳欲聋。

为了寻个结果，教授向小女孩的父亲提议再来一场表演，然而地点不是在舞台上，而是在一个仅有几个观众的地方。

他谦恭地答应了。教授继续写道：

我跟同坐在一个包厢的几个观众一起到了剧院办公室。

到办公室里，我开始对小女孩提出了几个不能问的问题，我觉察到了她脸上忐忑不安的表情。当我问起她是否能和我进行猜物品的尝试时，小女孩稍微思考之后回答，她很有必要有一个适应的过程。接着我向女孩的父亲问道："她需要适应多久才可以和我进行猜物品的尝试？"父亲的答案是："一个月左右。"

然后，我尝试着和小女孩进行的有关猜物品的游戏都宣告失败了。因此，我们决定让小姑娘跟她父亲进行演练。我示意小女孩站在办公室角落里靠墙的一张椅子后面，而我则坐到椅子上去。小姑娘的父亲站在离墙几尺远的对面，依据另外几位观众展现给他的东西向小女孩发问。父亲的话音刚刚落下，就传出了小女孩准确的作答。我们可以确信的是，这位父亲没有向小女孩做任何暗示，每次提问之后他便紧闭双唇。

演出结束以后，喜好追根究底的教授不想和这样一个可以研究罕见现象的良机擦肩而过，因此便提议父女俩到自己家中进行表演。小女孩的父亲稍加思考之后就应邀了。商定好确切日期，这位擅长猜度的小女孩便随父亲去教授家里演出，这样不但能确保有个安静的环境，而且还可以保证没有过多的观众在场。到了商定的日期，这两位稀客却没有如期而来。计划破灭，教授当晚立即赶赴演出现场，他的这两位没有露面的客人将在那儿举行“心灵感应术”的表演。

这个故事的结局让人惊讶。以下便是这位教授所陈述的：

刚走到剧院的门口我便被一位先生拦住了，这位我素不相识的男士自称是一位还未营业的医生，他不但对这家剧院很了解，而且还和小女孩的父亲交情甚深。他对我讲，小姑娘的父亲没能如期赴约是因为他需要在剧院表演。此时他正在和观众进行沟通，这些观众对此次表演一直兴趣十足，因为他们觉得这是一种神奇的现象。但我身为一位科学界人士，他不可能骗得了我。上一次在剧院办公室表演的时候，假如仅有我和小姑娘的父亲在场，那么他肯定会把秘密告诉我，只是因为有其他观众在场，所以他没法这么做。他的秘密就是，小女孩的父亲对不同的日常用品采用了特别的方式进行提问，而字母跟数字都有相对应的特殊提示语。因为小姑娘熟悉地驾驭着这套特殊的提示语，所以能够依据父亲的提问迅速地给出答案。所有常见的东西，例如烟盒、火柴盒、皮带、勋章、书籍、车票等，以及常见的人名：尼古拉、亚历山大、弗拉基米尔、米哈伊尔等，均有指定的提示语。另外，最常见的东西则有一套字母和数字暗语。换言之，问题中包括了代表特定的字母和数字的词汇。

比如，倘若37是需要猜测的数字，那么“请你确切地告诉我”就是约定的暗语了。原因是“告诉我”代表的数字是“3”，而“确切地”代表的数字是“7”。所以，在父亲问小姑娘军官的皮带上写有什么数字的时候，就会说“请你确切地告诉我”，那么小姑娘自然而然就会回答是“37”了。假如某个观众的记事本上写着377，那暗语就是“请你确切地告诉我，确切地……”而倘若这个数字是“337”，那么父亲问她的时候就会说“请你确切地告诉我，告诉我……”

这种猜测由于一些日常物品事先约定好暗语而变得

更加容易，例如，“手表”用“什么”表示；“钱包”用“什么样的”表示；“梳子”用“这是什么”表示。显然，假如问题是“衣袋里是什么？”那正确的回答便是“手表”；而假如问题是“衣袋里装有什么样的东西？”那答案就是“钱包”；假如问题是“这是什么东西？”那就要回答“梳子”。倘若有必要将暗语设置为数字或字母，自然就得换一套新的约定语言了。例如，小姑娘一听到“你认真考虑考虑”，她就立刻想到应该按照字母表来组织词汇回答这个问题。

名师点评

数学思维，也就是人们通常所指的数学思维能力，即能够用数学的观点去思考问题和解决问题的能力。简单来说，就是灵活运用所学的数学知识，或者说从数学的角度看问题，以及有条理地进行理性思维、严密求证、逻辑推理和清晰准确地表达的意识与能力。可以说，数学思维不存在，然而又无处不在。

在开篇的《世纪奇迹》这章中，别莱利曼给我们引导性地讲了几个非常有意思的趣味魔术，这些趣味的小故事和揭秘，向孩子们展示了数学思维在日常生活中的大作用。作者巧妙地运用逻辑思维、象形思维、抽象思维、空间思维能力去分析推理，形象地展示了记忆力与数学的关系。

第二章 数字巨人

流言在城市中的传播速度非常快，甚至超过常人的想象！有时候，一件有趣的事仅仅发生在几个人眼前，但是两小时之内就会传遍城市的每个角落。

这种速度确实令人异常惊讶，甚至不解。然而，要是利用计算的方法来对待这个问题的话，我们就会发现这并不值得惊讶，也不难理解。

有利的交易

曾经有个人给我讲述了一个故事，他并没有告诉我故事发生的时间和地点。也可能这个故事根本就没有真实发生过；甚至可以说，它就是虚构的。但这个故事实在是太有趣了，在此我原原本本地讲给大家听。

I

一天，一个陌生人来到了一位百万富翁的家里，告诉这个百万富翁想跟他做一次金钱交易，而这位富翁对这种交易闻所未闻。

陌生人说："从明天开始，一个月之内，我每天都会准时给你送来1000卢布。"百万富翁静静地听着他的话，然而此时陌生人却沉默了。

"没骗我？你这样做有何目的呢？你快点儿接着说呀！"

"第1天你只需要用1戈比换我的1000卢布就可以。"

"仅仅1戈比？"富翁不敢相信自己的耳朵，疑惑地问。

"没错！是1戈比。第2天你需要用2戈比换我的1000卢布。"

富翁急切地追问道："那然后呢？"

"然后，第3天用4戈比换我的1000卢布，第4天用8戈比换我的1000卢布，第五天用16戈比……以此类推。在一个月之内，你每天需要支付前一天的2倍的费用与我交换。"

"就这么简单？"

“就这么简单。除此之外我什么都不要，我们只需要严格遵守承诺就好。接下来的每天早上我都会带1000卢布给你，而你也必须按照承诺付钱与我交换。一个月未满，不能背弃承诺、终止交易。”

“他要拿自己的1000卢布换我的1戈比。如果这个人不是智障，那他的钱很有可能是假的。”百万富翁暗自琢磨。

“一言为定！”富翁爽快地回答，“明天你只管按时把钱带过来。我一定会严格按照约定支付给你费用。千万不要跟我耍花样，你带来的必须是真钱，否则约定无效。”

“你放一万个心好了。明天早上见。”

说完，陌生人转身离去，百万富翁却还站在原地望着陌生人远去的背影冥思苦想着：这位奇怪的造访者明天真的会来吗？可能他不会再现身了？或许他会突然醒悟过来，发现自己做的这个交易有百害而无一利……

II

第2天一大早，那个陌生人就来了。

陌生人敲了敲窗户，说：“我把给你的钱如数带过来了，也请你把我的钱准备好！”

富翁打开门，这位陌生的来访者走进屋后果真从包里拿出钱来了！经过富翁仔细地辨认和点数，钱确实不假，而且整整1000卢布，一个不少。陌生人说：“我已遵守承诺把钱如数给了你，现在你该付给我钱了吧。”

富翁将约定的1戈比放在桌子上，此时心里却七上八下的，他看着这个访客想：他是否会真的拿走这枚硬币呢？他会不会临时改变主意而跟我要回自己的1000卢布？陌生人拿起1戈比硬币，放在手里打量了一下，决然地塞进口袋里。

“明天还是这个时间交易，别忘记把我的2戈比准备好。”陌生人话音未落就转身走了。

看着这1000卢布，富翁简直不敢相信这意外之财会从天而降，而且还幸运地落到了自己身上！清点完这些钱，百万富翁开心地合不拢嘴，都是真钱，一切都合他意愿。富翁把钱小心地藏好之后，便开始盼望明天的交易了。

直到晚上，百万富翁还是不敢相信交易是真的，这个陌生人会不会是一个强盗假扮的呢？也许他的真正目的是想弄清楚我的藏钱之处，然后把我洗劫一空？想到这，富翁很害怕，他紧紧关上房门，时不时地往窗外张望，甚至俯耳细听，一夜都没睡好。

第2天清早，再次传来了敲击窗户的声音：陌生人来做交易了。富翁清点了1000卢布，陌生人拿起2戈比装进口袋就离开了，临走时说了一句话："不要忘了明天此时准备好4个戈比！"

百万富翁高兴得不得了，又轻而易举地获得了1000卢布！他仔细观察这位来访者，他既不东张西望，也不瞎打听，只管拿走属于自己的钱，看来并不是强盗伪装的。真是一个怪人啊！假如世界上这样的人多一点儿，那聪明人就会有好日子过了……第3天清早，又传来了窗户的敲击声。陌生人又准时到了：百万富翁用4个戈比换到了属于他的第3个1000卢布。

第4天，百万富翁用同样的方法换取了第4个1000卢布——花费了8戈比。

接着拿到了第5个1000卢布——花费了16戈比。

之后拿到了第6个1000卢布——花费了32戈比。

周日，这位百万富翁已经换取了第7个1000卢布，而他支付的费用相比之下确实九牛一毛，准确地说是：1+2+4+8+16+32+64=127戈比，也就是1卢布27戈比。

贪得无厌的百万富翁开始喜欢上了这个交易，他甚至后悔当初只和陌生人做了一个月的约定，这样到头来他只能得到3万卢布。他想说服这位陌生人延长交易的期限，哪怕只延长两三周也好。但富翁又犯难了：假如这个怪人突然明白过来，发现自己吃亏了该怎么办呢？

这个陌生人依旧每天早上准时带着1000卢布出现在富翁家门口。第八天他拿到了1卢布28戈比；第9天为2卢布56戈比；第10天为5卢布12戈比；第11天为10卢布24戈比；第12天为20卢布48戈比；第13天为40卢布96戈比；第14天为81卢布92戈比。

富翁很愿意继续这个交易：要知道，他总共只需要花费150卢布左右，就可以换取14000卢布，所以他每次付钱的时候一点儿都不感觉心疼，反而乐在其中。

Ⅲ

然而，富翁并没有得意多久，他很快就想明白了：这个奇怪的陌生人并不是什么笨蛋，与他做的这笔交易也不像当初想的那样有利可图。实际上，交易进行到第3周的时候，富翁就不得不花费上百卢布来获得这1000卢布了（支付的钱不再仅仅以戈比为单位）。不仅如此，他以后每天需要支付的数目还在以惊人的速度增长。从第3周起，富翁获得的和支付的钱的数目是：

第15个1000卢布——163卢布84戈比；

第16个1000卢布——327卢布68戈比；

第17个1000卢布——655卢布36戈比；

第18个1000卢布——1310卢布72戈比。

之后的交易毫无疑问，更没有利润了，因为富翁每获得1000卢布，就不得不支付更多的钱。但是又不能背弃承诺，必须坚持交易完这一个月才行。然而，这个自以为是的富翁还没意识到自己亏本了。在他心里，虽然花费了2500多卢布，但是自己却得到了足足18000卢布。

然而，接下来的情况就越来越糟糕了。百万富翁恍然大悟，原来这位陌生人的狡猾胜过自己百倍，他付出的钱远远超过得到的钱，可此时醒悟已经太迟了。双方的支付情况如下：

第19个1000卢布——2621卢布44戈比；

第20个1000卢布——5242卢布88戈比；

第21个1000卢布——10485卢布76戈比；

第22个1000卢布——20971卢布52戈比；

第23个1000卢布——41943卢布4戈比。

在百万富翁获得第23个1000卢布时，所要支付的钱就已经超过他一个月内获得的总数目！

一个月的期限终于到了最后一个星期：这7天最终导致了这个百万富翁破产。他的支付情况是：

第24个1000卢布——83886卢布8戈比；

第25个1000卢布——167772卢布16戈比；

第26个1000卢布——335544卢布32戈比；

第27个1000卢布——671088卢布64戈比；

第28个1000卢布——1342177卢布28戈比；

第29个1000卢布——2684354卢布56戈比；

第30个1000卢布——5368709卢布12戈比。

当最后一次交易完成，陌生人离开之后，这个富翁计算了一下，为了获取这乍一看像天降横财的30000卢布，他总共支付给那个陌生人的费用是10737418卢布23戈比！

将近1100万卢布啊……要知道这个惊人的数字起始于1个戈比啊！即使陌生人每天给富翁10000卢布，到头来吃亏的也是富翁。

IV

我想，在结束这个故事之前，有必要说明一点，那就是如何简单快速地把百万富翁的损失计算出来，换句话说，如何更迅速地计算出下列数列之和：

$$1+2+4+8+16+32+64+\cdots$$

大家很容易看出，这些数字具有这样的特点：

$$2=1+1$$

$$4=(1+2)+1$$

$$8=(1+2+4)+1$$

$$16=(1+2+4+8)+1$$

$$32=(1+2+4+8+16)+1$$

……

也就是说，我们可以发现，这个数列中的每个数字都等于位于它前列符合这个规律的全部数字相加之和再加上1。所以，假如我们需要计算这个数列的和，举个例子，从1到32768，我们仅需要把最后一个数字，也就是32768加上它前面的全部按两倍递进数字之和（即32678−1）就可以了。如此，我们最后计算的结果为65535。

这个方法非常快捷，要想快速算出百万富翁的损失，我们只需要知道他最后一天支付的钱数。我们知道，最后一天他支付给陌生人5368709卢布12戈比。所以，5368709卢布12戈比+5368709卢布11戈比=10737418卢布23戈比，这就是富翁的全部损失。

城市流言

流言在城市中的传播速度非常快，甚至超出人们的想象！有时候，一件有趣的事仅仅发生在几个人眼前，但是两小时之内就会传遍城市的每个角落。

这种速度确实令人异常惊讶，甚至不解。然而，要是利用计算的方法来对待这个问题的话，我们就会发现这并不值得惊讶，也不难理解：存在即合理。所有的事情都不应该用某种关于流言的神秘特征来解释，正确的方法是利用数字的特性来解释。

I

下面让我们一起分析这个事例。上午8点钟的时候，一位外地人从城外带来了一则新消息，而这个消息是所有人都感兴趣的。假设这个外地人在酒店里花了15分钟的时间把这个消息告诉了3位本地的居民。也就是说，上午8点15分，这座城市里知道这个消息的只有这位外地人和那3位本地居民。

这3位本地人得知这个有趣的消息之后，每个人都分别转告了另外3个人。由于消息传播的速度并不是很快，所以我们还是把这个过程假设为15分钟。这样一来，30分钟后，这个城市共有$4+3\times3=13$人知道了这个消息。

之后，得知这个消息的9个人中的每个人又在15分钟内分别分享给了另外3个人，所以到8点45分的时候就有$13+3\times9=40$人知道了这个消息。

假如该消息继续按照这个方式传播下去，换句话说，每个知道这则消息的人会在接下来的15分钟之内顺利分享给其他3个人，那么消息的传播就会遵循以下规律：

9点，40+3×27=121

9点15分，121+3×81=364

9点30分，364+3×243=1093

由上可知，从该消息开始传播至一个半小时后，总共会有将近1100人得知。这个数字可能对一个拥有5万人口的城市来说只是一个很小的数，或许大家会觉得，5万人不可能很快就得知这个消息。下面，让我们来认真观察一下消息的传播速度：

9点45分，1093+3×729=3280

10点，3280+3×2187=9841

在10点15分时，已经有9841+3×6561=29524人知道了该消息，这个数字已经超过了全市人口的一半。

所以，上午8点只有一个人知道这个消息，一经传播，到上午11点半之前，整个城市的人就都知道了。

Ⅱ

事实上，我们可以把这种计算简化为加法数列，如下所示：

$$1+3+3\times3+3\times3\times3+3\times3\times3\times3+\cdots$$

是否可以用我们之前计算类似数列“1+2+4+8+…”的方法更快地计算出这一结果呢？其实完全存在这种可能性，只要我们事先参透此处相加的数字具有以下特征：

$$3=1\times2+1$$

$$9=(1+3)\times2+1$$

$$27=(1+3+9)\times2+1$$

$$81=(1+3+9+27)\times2+1$$

换言之，此数列中的每个数字，都等于位于它前列全部符合规律的数字之和的2倍再加上1。

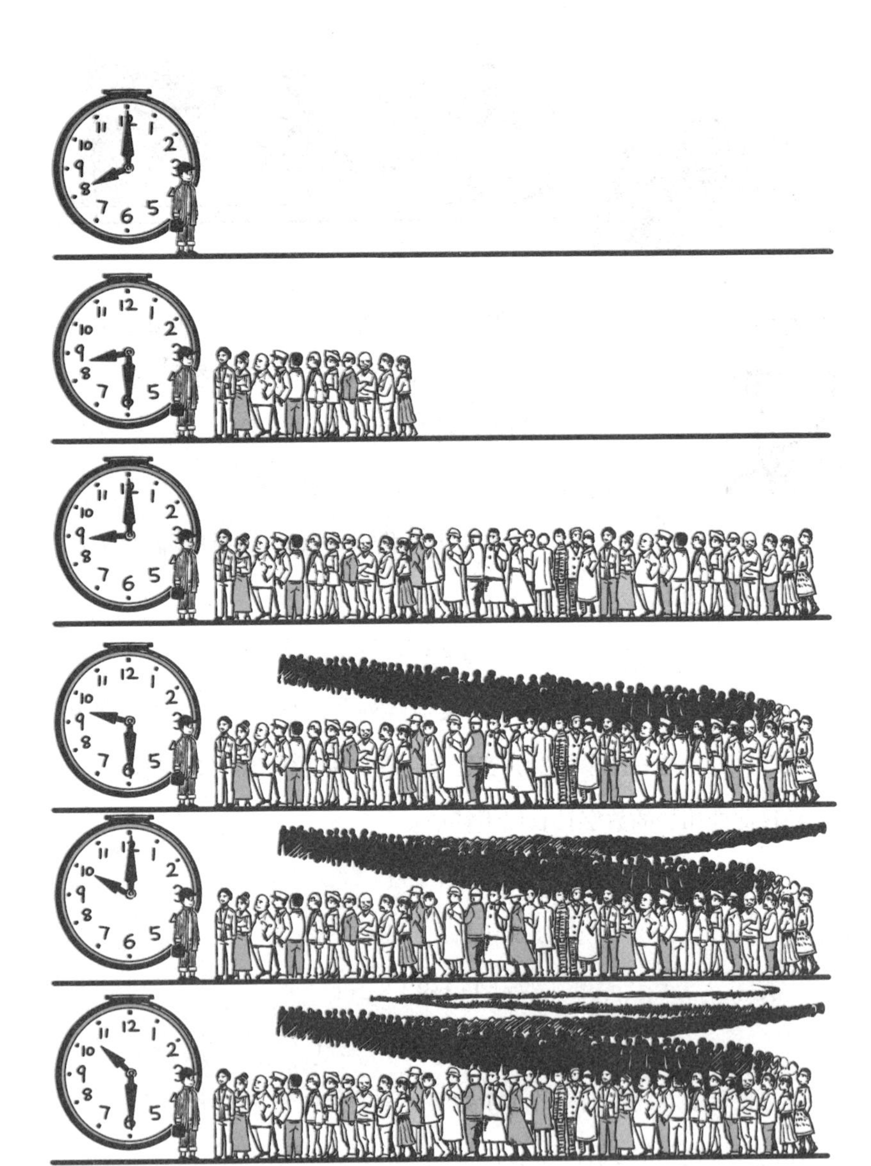
12
1
2
3
4
5
6
7
8
9
10
11

推理：我们在计算此类从1到某数组成的数列之和时，只要把最后一个数字加上其本身减去1之差的二分之一，就可以得出最终结果。

举例：1+3+9+27+81+243+729=729+（729−1）÷2=1093。

Ⅲ

在这个事例中，我们假设的是每个得知消息的人只转告其他3个人。然而，倘若该城市的居民比假设的更活跃，他们不仅仅把这个有趣的消息分享给其他3个人，而是其他5个甚至是10个人，可想而知，消息的传播速度会更加迅速。假设得知该消息的每个人转告给5个人，它的传播速度就是：

8点，1

8点15分，1+5=6

8点30分，6+5×5=31

8点45分，31+25×5=156

9点，156+125×5=781

9点15分，781+625×5=3906

9点30分，3906+3125×5=19531

由此可见，这则消息会在上午9点45分之前传遍这座城市的所有人（5万）。再假设，得知消息的每个人将其转告给了其他10个人，消息的传播速度自然又加快了。此时我们会得出下面一组很有意思的数列：

8点，1

8点15分，1+10=11

8点30分，11+100=111

8点45分，111+1000=1111

9点，1111+10000=11111

显然，这一数列的下一个数字是111111。这就意味着，在上午9点多的时候，该市所有的人就得知了这个消息。所以毫不夸张地说，一则消息会在大约7小时之内快速传播开。

据说，这是很久以前发生在古罗马的一个故事。

第二章
数字巨人

I

统帅泰伦斯秉承皇帝旨意完成了一次史无前例的远征，并带着战利品顺利返回了罗马。为了面见皇帝，他专程来到了首都罗马。

皇帝为了对统帅泰伦斯为帝国所做的军事贡献表示由衷的感谢，亲自接见了他，态度非常亲切，并向他承诺，将在元老院授予他一席高职，以资鼓励。

然而，这并不是泰伦斯想要的，他反驳道："我立下一个又一个战功，不为别的，只为提高陛下的威信，使你威名远播。死亡对我来说没什么好怕的，假如我有很多条命，而不是只有一条，为了您我愿意舍弃自己所有的生命而毫无怨言。但是如今我已不再年轻，我感觉到身体里的血液流淌得越来越缓慢，我已无力再继续打仗了。我想，是时候回归故里，安度晚年，享受天伦之乐了。"

皇帝问："那么，伟大的统帅，你希望我赏赐什么呢？"

"尊敬的陛下，请听我慢慢说来。戎马一生，我经历过数不清的战争，长年累月，我的鲜血将宝剑染红，然而，我却没能积累下金钱财富以供晚年生活。陛下，我真的没有钱……"

"泰伦斯，请继续说下去。"皇帝鼓励他说。

泰伦斯勇敢地说："假如您想奖励些什么给您的这位平凡的仆人，那请您慷慨解囊，使我在晚年能够衣食无忧，过上富足的生活。我现在已无心到拥有至高的权力、受众人景仰的元老院谋取高职。我现在的愿望就是可以远离权力和公众生活，能够安度余生。陛下，请您赐予我足以度过余生的钱财吧。"

相传，这位拥有整个国家的皇帝并不慷慨。他生平最热衷为自己积累财富，对自己的大臣和子民却十分吝啬。泰伦斯提出的要求使他有点儿犹豫。

尽管内心不情愿，但皇帝不得不继续问："那么，你觉得你需要多少钱呢？"

"陛下，我需要100万第纳里[1]。"

皇帝再一次犹豫了。

统帅说完低下头，等待皇帝的答复。过了许久，皇帝终于说话了："伟大的泰伦斯！你为帝国立下赫赫战功，理应得到丰厚的奖赏。我会如你所愿赐予你钱财，明天中午你来这里，我给你明确的答复。"

泰伦斯向皇帝行礼之后退了下去。

Ⅱ

第二天，泰伦斯按照皇帝指定的时间来到了皇宫。

"你好！帝国英勇的统帅。"皇帝说。

泰伦斯恭顺地把头低下去，说："仁慈的陛下，您说过要奖励我，我现在奉旨来听您的旨意了。"

皇帝不紧不慢地说："统帅，我觉得像你这样伟大的战士，立

---

[1] 古罗马金币或银币的统称。

下赫赫战功，不应该只获得那么一点儿可怜的奖赏。眼下我倒有个好主意，你且听听如何？在我的金库里存放着500万枚铜制布拉斯[1]。我允许你现在去我的金库领一枚硬币，之后再回到这儿来，并把你拿回来的硬币放在我的脚边。第二天你再去金库拿一枚价值两个布拉斯的硬币回来，并把它放到第一枚硬币旁边。第三天拿的是4枚布拉斯，第四天拿的硬币是8枚布拉斯，第五天就是16枚布拉斯，按照这个规律，每天都能拿到前一天2倍的硬币。我现在马上下令为你专门制造价值相当的硬币以供你取。唯一的条件就是你能举起这些硬币，这样，我就允许你把它们带回家。不过，你不能获得别人的帮助，你需要完全依靠自己的力量来完成这件事。

[1] 属于小型金属货币，1布拉斯=1/5第纳里。

“假如有一天，你发现再也无法扛起新的硬币时，就可以停止了，此时我们的约定也终止了，从国库拿出来的硬币将统统归你所有。你觉得我给你的奖励如何？”

泰伦斯一边听着皇帝说的每句话，一边想象着自己从国库中搬出来的大量的硬币，他的目光里充满了贪婪。

他琢磨了一会儿之后，面带微笑地回答：“陛下，您是如此慷慨大方，我对您的奖赏非常满意！臣叩谢陛下！”说着恭敬地行了一个礼。

Ⅲ

于是，泰伦斯满怀欣喜地开始了每天到国库取硬币的日子。由于金库和皇帝的接见大厅相距不远，所以刚开始，拿那些硬币对泰伦斯来说不费吹灰之力。

按照约定，泰伦斯第一天从金库中拿走了1枚布拉斯。这是一枚直径25毫米、重5克的硬币。

接下来的第2次到第6次的搬运都非常轻松，这位统帅依次搬出了1枚布拉斯的2倍、4倍、8倍、16倍和32倍的硬币。

如果依照如今的度量单位来计算，第7天他搬出的是一枚直径8.5厘米（更准确地说，应该是84毫米）、重320克的硬币。

第8天，泰伦斯从金库中搬出来的硬币重量相当于128枚小硬币。这枚硬币的直径大约10.5厘米，重量为640克。

第9天，泰伦斯搬出来的硬币相当于256枚小硬币的重量。这枚硬币的直径是13厘米，重量已经超过了1.25千克。

第12天，泰伦斯搬到皇帝面前的那枚硬币的直径已经到了27厘米，重量增长到10.25千克。从第1天到现在，皇帝一直“亲切”地看着这个愚蠢的统帅，此时，他那得意的心情已无法掩饰。因为他亲眼看到，虽然泰伦斯已经从国库搬运了12次，但是那些硬币加起来也不过仅有2000多布拉斯。

到了第13天，英勇无敌的泰伦斯搬出了一枚相当于4096枚小硬币重量的硬币。这是一枚直径34厘米、重量20.5千克的硬币。

第14天的时候，泰伦斯从金库里搬出了一枚直径大概42厘米、重量为41千克的硬币，这对泰伦斯来说已有点儿沉重了。

皇帝忍住笑问他：“英勇的统帅，你难道不累吗？”

泰伦斯一边擦额头上的汗珠，一边回答：“我不累，陛下。”

终于到了第15天。泰伦斯这一次搬运的货币重量相当于两个昨天那样的货币，确切地说，是由16384枚小硬币组成的巨大的沉重的硬币。泰伦斯迈着极其沉重的步子艰难地走到皇帝面前。要知道这一次是一枚直径53厘米、重80千克的硬币！即使是泰伦斯这样身材高大健硕的战士，也不得不承认这是一个重担。

第16天，泰伦斯背着直径为67厘米、重164千克的货币，走路时已经到了摇摇晃晃的地步。这枚货币的重量相当于32768枚小硬币。

泰伦斯统帅彻底没有了力气，他上气不接下气地喘着粗气。皇帝见状却忍不住笑了……第17天，泰伦斯已经没有办法把货币扛在肩上或背上了，只能用力推着它前进。当他好不容易走进皇帝的迎宾大厅时，突然响起了一大片笑声。今天的这枚硬币直径约84厘米、重量高达328千克，是由65536枚小硬币铸成的。

第18天，泰伦斯拜访金库的最后一天终于到了，这也是他最后一天为自己争取财富。同时，这还是他踏进皇帝大厅的最后一天。这一次的货币是由131072枚小硬币铸成的大硬币，直径大约是107厘米、重达655千克。他只能借助杠杆（自己的长矛）力量，并使出浑身解数才将硬币推进了大厅，只听一声巨响，这枚巨大的货币终于被推到了皇帝的脚边。

泰伦斯彻底被折磨得筋疲力尽了。

他气喘吁吁地说："已经足够了，我真的没有办法再搬了。"

皇帝为自己的计谋得逞而暗暗自喜，不过众人面前不得不抑制住自己得意的笑声。他命令司库人员计算出这18天泰伦斯总共搬出来价值多少枚布拉斯的硬币。

司库员完成计算后回答道："宽厚的陛下，您一共恩赐泰伦斯统帅262143布拉斯。"

当初，泰伦斯要求皇帝奖励他100万第纳里，如今，这个吝啬的皇帝利用计谋，仅仅赏赐了他要求的二十分之一的财富。

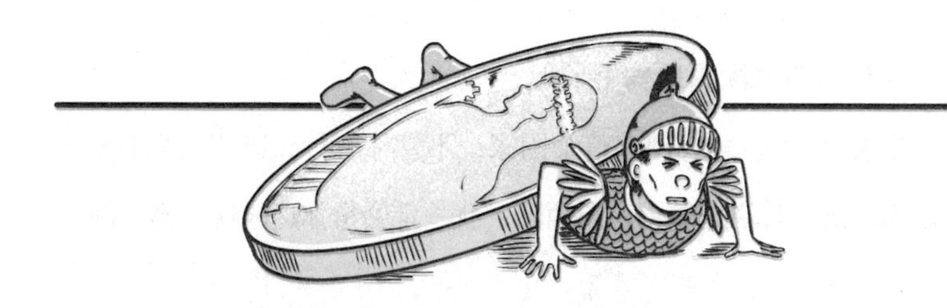

棋盘的传说

象棋[1]属于一种古老的游戏。因为象棋已有2000多年的历史，由于年代久远，关于象棋产生的传说的真实性根本得不到考证，这一点是无可厚非的。在此我要给大家讲述的就是一个这样的传说。我们是否会下象棋对了解这个传说毫不相关，我们只需要明白，象棋是在一张画有64个小格子（有黑、白两色）的棋盘上进行的这一点就足够了。

I

有一天，舍拉姆皇帝接触到了象棋，玩这种游戏所需要的技巧和变化多端的棋局让他叹为观止。当皇帝得知这个游戏的发明者是他的一位臣民时，立刻下旨召见，并决定为这项成功的发明给予嘉奖。

这位衣着简朴的发明家奉旨来到君主面前。他的名字叫塞塔，是一位依靠教学为生的学者。

“塞塔，你发明了这项非常优秀的象棋，所以我希望奖励给你些什么。”皇帝说。

这位发明家深深地鞠了一躬。

皇帝继续说：“我拥有整个国家，不管你有什么愿望我都有能力满足你。请尽管说你想要的东西吧，我一定会帮你达成这个愿望的。”

---

[1] 此处是指国际象棋。

塞塔沉默了。

皇帝鼓励他说："不要害怕，大胆地把你的愿望说出来，我定会满足你，绝不吝啬。"

学者终于开口说："您真是一位宽厚仁慈的好陛下。但我恳求您能够给我一点儿时间考虑。对于陛下的赏赐我需要好好考虑一番，请准许我明天再告诉你我的愿望。"

皇帝应允了。

次日，塞塔再次面见皇帝，皇帝却为他“微薄”的要求惊诧万分。

“陛下，我恳求您在棋盘的第一个格子奖励我一粒小麦。”

皇帝大吃一惊，问道：“只是一粒小麦而已？”

“您没听错，陛下。请您再在第2个格子奖励我2粒小麦，在第3个格子奖励我4粒小麦，第4个格子为8粒，第5个格子为16粒，第6个格子为32粒……以此类推。”

皇帝恼羞成怒，对塞塔大声喝道：“够了！我会如你所愿，凭着那棋盘的区区64个格子赐予你那些可怜巴巴的麦粒，不就是每个格子所奖励的麦粒数目为前一个格子的2倍吗！但你要明白一点，你这卑微的要求是对我莫大的侮辱。你居然提出这样一个不值一提的愿望，你这是对我的仁厚的蔑视。你为人师表，在尊重国君的善良仁慈方面给世人树立一个良好的榜样是你义不容辞的责任，但你……你回去等我的仆人们把装着小麦的袋子送到你面前吧。”

这下可如了塞塔的意，他微笑着走出了大厅，回到自己的住处等待皇帝的赏赐。

Ⅱ

到了中午用膳的时间，皇帝好奇这个象棋游戏的发明者塞塔是否已经草率地把那微薄的赏赐领走了，于是便派仆人前去看看。

“陛下，您下达的旨令正在执行当中。宫廷的数学家们正在对塞塔要求的粮食数目进行仔细核算。”

皇帝眉头一蹙。他对这次自己的旨意执行得这么慢感到很不习惯。

皇帝就寝之前，又忍不住问了一遍：“塞塔还是没有带着赏给他的那袋麦子离开皇宫吗？”

皇帝身边的仆人小心翼翼回话说：“陛下，您的那些数学家现在正马不停蹄地计算，但愿能赶在天亮之前完成。”

“怎么连这芝麻小事都做不好？比蜗牛爬行还慢！”皇帝愤怒地喊道，“我不会再下命令了，限他们在我明早醒来之前，把麦粒一粒不少地交给塞塔，否则重罚！”

第二天早上皇帝一醒，仆人就赶紧报告说，首席宫廷数学家早在殿外等候多时，说有重要的事情要上奏。皇帝听罢下令召见了他。

“暂且不要谈论你的事情，”舍拉姆皇帝说，“我想马上知道，奖励给塞塔的那袋微不足道的麦粒究竟有没有让他领走？”

数学家急忙回话：“微臣之所以斗胆这么早来面见陛下，正是为了此事。经过我们彻夜仔细认真地计算，塞塔要求赏赐的粮食数目实在是大得惊人……”

“不管有多大！”皇帝打断他的话高声说，“我的粮食多得很。既然我已下旨奖赏他，就必须给他……”

“尊敬的陛下，您确实满足不了他这个要求。把您所有粮仓中的粮食都加起来也达不到塞塔要求的这个数目。就算是整个国家的粮食，也抵不上这个数目。甚至是整个地球上，也不存在那么多的粮食。倘若您一定要满足他的愿望，那么您必须先下令开垦整个国家的土地，然后下令排干海洋里的水，融化千里之外覆盖在北方荒原上的冰雪，再令将小麦种满全部的土地。最后再下一道旨：这些土地上产出的所有粮食都归塞塔所有。这样他的愿望就可以达成了。”

数学家的话使皇帝目瞪口呆。

皇帝神思恍惚地说：“请你直接把这个可怕的数字告诉我吧。”

“陛下，准确地说是18446744073709551615粒粮食。要知道，

100万个100万组成一个10亿，100万个10亿组成一个万亿。”[1]

III

就是一个这样的传说，至于是否真实发生过就不知道了。然而，传说中的这份奖励的数目的确是对的，为了证实这个数目，我们自己可以进行这样一个计算：1+2+4+8+16+…这位皇帝为64个棋盘格子奖励给这位发明家粮食的数目应该就是2的63次方。我们可以利用前文讲述的方法：最后一个数字乘2，再减去1。这样我们便可以很轻松地计算出粮食的准确数目。所以，我们需要首先计算出64个2相乘的结果：

$$2 \times 2 \times 2 \times 2 \times 2 \times \cdots（共64个2相乘）$$

为了简化计算步骤，我们可以把这64个2分为6组，这样就是前5组每组10个2相乘，第6组是4个2相乘。我们很容易算出10个2相乘的结果是1024，而4个2相乘的结果是16。那么，我们要求的最终结果就可以表示为：

$$1024 \times 1024 \times 1024 \times 1024 \times 1024 \times 1024 \times 16$$

经计算得出：

$$1024 \times 1024=1048576$$

此时算式变为：

$$1048576 \times 1048576 \times 1048576 \times 16$$

---

[1] 这种计算方法从科学上讲是行得通的，在现实生活中，一个10亿记作1000个百万，一个万亿记作1000个10亿。塞塔要求奖励的粮食的数目，用我们熟悉的表达方式写出来的就是：1844亿亿+674475亿+737亿+9552万+1615。

最后一步就是将上式最终结果减去1——就是粮食的数目了，结果为18446744073709551615。

果然正确！

假如大家好奇这个巨大的数字究竟有多大，那么我们有必要算一算，这么多的粮食需要一个多么大的粮仓才能将其储存。经过研究发现，每立方米差不多有150095粒小麦。也就是说，奖励给这位象棋游戏发明者的粮食的体积为12000000000000立方米（12000立方千米）。一个高4米、宽10米的粮仓，其长度就是300000000千米，换句话说，这个粮仓的长度为地球和太阳之间的距离再乘2。

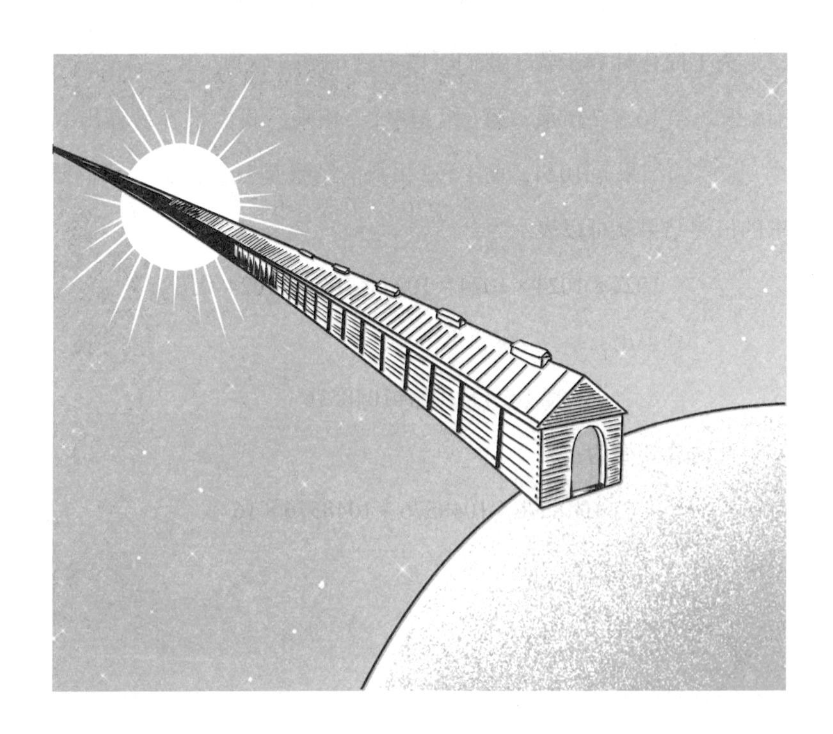

IV

很明显，这位印度皇帝根本没有办法实现自己的承诺，不过有一个办法可以使他轻易地摆脱履行这项繁重的责任：让塞塔亲自动手数数奖励给他的小麦。

事实上，倘若塞塔真的动手开始数的话，假设他数一粒粮食用一秒钟，并且是昼夜不停地数，那么他每个昼夜只能数出86400粒粮食（相当于1/4俄斗[1]）。如果数100万粒粮食，那他至少需要不停地工作10天。这样，半年时间他最多只能数出1立方米的小麦。就算他分秒不休息地数上10年，为自己数出的小麦也不超过100俄担[2]。

由此可见，即便塞塔在有生之年不停地数小麦，他最后获得的粮食与他当初要求的相比简直是九牛一毛。

[1] 译者注：俄斗是旧俄制的体积单位，1俄斗=26.239升。

[2] 译者注：俄担是旧俄制的体积单位，1俄担=8俄斗，大概相当于210升。

快速繁殖

向日葵成熟以后，里面长满了一颗颗数不清的细小的种子。每颗种子都能够成长为一株向日葵，假如这些种子全部发芽，那么能够长成多少株向日葵呢？要想得出答案，我们总不能无聊地去数一数一个向日葵果实中有多少颗种子吧。因为这个答案实在是很有意思，所以值得我们耐心地解开这个真相。这个答案就是：一个成熟向日葵果实中的种子有整整3000粒！

这意味着什么呢？这意味着，假如一株向日葵周围的土壤都适合生长，且每粒种子掉在地上后都能够发芽，那么，到了明年夏季，你就会看到3000株向日葵遍布这片土地。要知道，这一大片向日葵可是源于一个向日葵果实啊！

假设这3000株向日葵中的每株都最少能结出一个果实（一般会有好几个），所有的种子都能落到合适的土壤上并生根发芽，还是按照我们得出的结论（每个果实里都有3000颗种子，第2年能长出3000株向日葵）推算，那么，这3000株向日葵到第2年的夏天至少会长出3000×3000=9000000株向日葵。

不难算出，到第3年夏天的时候，这里其中的一个向日葵果实的种子就长出9000000×3000=27000000000株向日葵。

第4年，一个向日葵实的种子会长出的向日葵数目就是27000000000×3000=81000000000000株。然而，依照这个速度发展，到第5年，可以毫不夸张地说，向日葵的数目已经能够遍布整个地球表面！不信大家可以亲自动手计算一下这个惊人的数目，准确的结果是8100000000000×3000=24300000000000000株。然而，我们的陆地面积（指地球上所有的大陆和岛屿的总面积）是135000000000000平方米。

现在大家知道了，假设一个向日葵果实的种子都能全部生根发芽，那么在短短的五年内，仅仅一株向日葵的后代就可以覆盖整个地球的陆地。那时，陆地表面的每平方米将被2000株向日葵覆盖，到处都是浓密的丛林。没想到一粒不起眼的向日葵种子中竟然隐藏着这么惊人的天文数字！

假如我们的计算对象是比向日葵果实少一些的某种植物，也可以得出同样的结论。唯一不同的是，这种植物的后代覆盖整个地球表面的时间不是5年，而会稍稍推迟几年。下面，我们把计算对象换作蒲公英，已知每棵蒲公英每年结出的种子数目是100粒，假设100粒种子都会发芽生长，那么我们可以算出每年蒲公英的数量将是下面这种情况：

第1年：1株；

第2年：100株；

第2年：10000株；

第4年：1000000株；

第5年：100000000株；

第6年：10000000000株；

第7年：1000000000000株；

第8年：100000000000000株；

第9年：10000000000000000株。

由此可见，第9年蒲公英就能够覆盖所有的陆地，这时，每平方米的陆地上将生长着70株蒲公英！

然而，为什么如此惊人的繁殖没有发生在我们现实生活中呢？原因在于大部分植物的种子由于各种原因没有存活下来：或者有些种子停留的土壤不适合生长；或者虽然生根发芽了，但是它们在生长过程中受到了其他的阻碍；或者直接成了动物的腹中餐。倘若这些植物的种子和幼芽逃过种种阻碍，没有大规模地死亡，那么任何一株植物都有可能在短短的几年时间内覆盖整个地球表面。

同理，动物的情况跟植物差不多。假如不被大规模的消灭，那么任何一种动物的后代迟早会把整个地球完全占据。我们可以想象这样一个场面：成群结队的蝗虫黑压压的一片，无论是地面还是空中，都被它们占据着。动物的繁殖若不是受到死亡的限制，世界将会变成什么模样啊！经过短短的二三十年，森林和草地将会覆盖地球上的一切陆地，人们难以通行，地球上还会出现数以万计的动物，它们为了争夺生存空间而斗争不休。海洋里都是鱼类，导致船只不能航行。数不清的鸟类与昆虫也将会充斥在空气中，以至于根本看不到天空……

我们最后再把计算对象换成苍蝇，看看它繁殖的速度究竟有多快。假设每只苍蝇在一个夏天能够繁衍7代，每代是120个卵。我们假设4月15日为苍蝇的首次产卵的时间，每只母蝇成长到能够自行产卵的时间不超过20天。那么苍蝇的繁殖情况如下：

4月15日：一只母蝇产下120个卵；

5月1日：产出苍蝇120只，其中母蝇60只；

5月5日：每只母蝇产卵120个；

5月中旬：产出苍蝇60×120=7200只，其中母蝇3600只；

5月25日：3600只母蝇中，每只产卵120个；

6月1日：产出苍蝇3600×120=432000只，其中母蝇216000只；

6月14日：216000只母蝇中的每只各产卵120个；

6月底：产出苍蝇25920000只，其中母蝇12960000只；

7月5日：12960000只母蝇中的每只产卵120个；

7月1日：产出苍蝇1555200000只，其中母蝇777600000只；

7月25日：产出苍蝇93312000000只，其中母蝇46656000000只；

8月13日：产出苍蝇5598720000000只，其中母蝇2799360000000只；

9月1日：产出苍蝇335923200000000只，其中母蝇……

为了想象起来更直观一些，我们假设以上这些苍蝇紧密地排成一条直线。若每只苍蝇的长度是7毫米，那以上所有苍蝇连接起来长达2500000000千米，差不多是地球到太阳的距离的17倍，相当于地球到天王星的距离——这就是在没有任何阻碍的情况下，一对苍蝇惊人的繁殖情况！

诚实的孩子

一个商贩把几袋坚果拉到市场上去卖。当他到了市场，从马车上卸下来装满坚果的口袋，又准备把马儿赶回去时，突然想到自己还要去一趟另外的地方，并且还得花费很多时间。但是他不能把货物丢下不管，需要找个人帮他照看。“可以找谁帮忙？怎么做会比较划算呢？”这位商贩思索着。

这时他看到了一个叫作斯捷普卡的流浪儿，每天这个小男孩都会到市场上找活儿干：不是帮别人摆放蔬菜，就是给人推推小车，要么替人打扫卫生——这样做一天就能填饱肚子。小男孩诚实又机灵，每个人都乐意让他帮忙做一些事情。

“斯捷普卡，替我看会儿坚果吧？”商贩说道。

“需要很长时间吗？”

“那我不清楚，得看情况。我会给你付钱的。”

“你可以付我多少钱呢？”

“你想要多少？”商贩怕小男孩多要，便小心地问道。

斯捷普卡想了一会儿，说：“第1个小时就给我1粒坚果吧。”

“可以。那第2个小时呢？”

“两粒。”

“没问题。那假如要看3个小时呢？”

“那就再付我4粒坚果。要是你过了3个小时还没有回来的话，那就得在第4个小时付给我8粒坚果；第5个小时付16粒；第6个小时……”

“那就成交，”商贩打断了小男孩的话，“用不着再解释了：就是我每个小时付给你的坚果数目是前一个小时的2倍。可以！但是如果天黑之前我还没有回来，你也不许离开这个地方。”

商贩离开了，他很满意能找到这样一个便宜的看守人。就算是让他守上一整天，也不过只是一些坚果的酬劳。

商贩在傍晚时就把事情办完了，本来他应该立刻回到市场，但他一点儿也不着急。“晚上不会有什么生意吧？再说了，还有斯捷普卡看守着货物，他不会离开的。顶多再给他一捧坚果而已。”商贩想了想就放心地睡觉了。

斯捷普卡的确老老实实地在市场看守着这些装满坚果的袋子，他可没因为商贩没回来而伤心失望。晚上，其他人都准备收拾东西回家了，可斯捷普卡还是严格地遵守诺言：他躺在坚果袋旁舒展四肢，自己还偷偷地笑了笑。

第2天一早，商贩来到市场查看自己的货物，却看见斯捷普卡正在把那些坚果装上一辆小推车。

“等等！你这个坏蛋，你要把我的坚果弄到哪儿？”

“这些坚果之前是你的，可是现在它们是我的了。”斯捷普卡平静地回答，“你忘了我们昨天的约定了？”

“什么约定！按照约定你应该负责看守，现在你却想要偷我的东西！”

“现在我看守的东西是属于我的，不是偷来的。这是我为你看守一天货物后应得的。”

“你才看守了一天，怎么可能所有的东西都成了你的呢？把你应得的拿走，剩下的别动！”

“我正是在把我应得的拿走才没有多拿什么，您还应当额外付钱给我呢。”

“我还要给你钱？这可倒好！还需要我给你多少钱呢？”

“大概还要付现在的1000倍那么多吧。这样吧，我们来计算一下。”

“就一天的时间还用得着算？可能是你不会算吧？”

你们怎么想呢？商贩和小男孩是谁不会计算呢？

实际上是这位商贩不会计算，小男孩计算的正确。我们可以得出：第1个小时斯捷普卡应得1粒坚果；第2个小时为2粒；第3个小时为4粒；第4个小时为8粒；第5个小时为16粒；第6个小时为

32粒；第7个小时为64粒；第8个小时为128粒；第9个小时为256粒；第10个小时为512粒。

这好像还不至于让商贩破产，因为总共加起来才1000多粒坚果。但是如果接着往下算的话：

第11个小时斯捷普卡应得1024粒坚果；第12个小时为2048粒；第13个小时为4096粒；第14个小时为8192粒；第15个小时为16384粒。这些数字已经非常大了，可是怎么可能会有上千袋坚果呢？我们还是继续计算吧。

第16个小时：32768粒；

第17个小时：65536粒；

第18个小时：131072粒；

第19个小时：262144粒；

第20个小时：524288粒。

现在把这些数字加起来就有100多万了，可这还不是一天的结果——还有4个小时呢。

第21个小时：1048576粒；

第22个小时：2097152粒；

第23个小时：4194304粒；

第24个小时：8388608粒。

现在把24个小时所有的数加起来，得到的结果是16777215，差不多是1700万粒坚果。这便是斯捷普卡应得的上千袋坚果。

免费的午餐

I

10个毕业生计划去餐馆庆祝中学毕业。大家都到齐之后，服务员把第一道菜端了上来。这时，几位年轻人因座次问题发生了争吵。有的人想根据姓名的字母顺序安排座位，有的人则认为应该根据年龄大小就座，还有人却认为应该根据学业成绩好坏来编排座位，也有人则觉得根据身高就座最为合理……菜都已经凉了，他们却还一直争执着，谁也没坐下来就餐。

最终，服务员的一番话让大家的矛盾化解了：

“年轻的朋友们，不要再争论了。请各位就近坐下，先听我说几句话。”

每个人都各自找了个位子坐下来。服务员接着说道：

“请你们中的一位记下现在你们每个人的座位号。明天各位接着来这儿用餐，并且依照另一种座次就座，后天依据与之不同的方式安排座位。依此类推，直到你们尝试完每种可能的座次。再次根据今天的座次就座时，我郑重地向各位承诺，那时我将请你们免费享用一顿最美味的午餐！”

10位毕业生对这个提议都非常满意，因此决定以后每天都在这里相聚并尝试每种不同的座次，以便尽快享用到那顿免费的午餐。但是，他们却不可能等到那一天了。不是因为服务员没有履行诺言，而是可以排列出的所有的座次方式实在太多了。这个数目正是3628800。

很容易就可以算出，这么多天换算为年大概是9942年，几乎是10000年。如果为了免费吃一顿午餐，他们实在是需要等待太久了……

Ⅱ

或许，大家觉得不可能在10个人之间排出这么多种就座的方式？那就请大家检验一下这个结果吧。但是我们首先需要明白的是，以什么方式来确定座位次序的变化。为了便于计算，我们可以把3个物体的排列顺序数出来，把这三个物体分别叫作A、B、C。

首先应该知道可以用什么样的方法将它们调换位置。我们可以这样来推断：如果先把C放在一边，那只能以两种方式摆放剩下的两个物体。然后我们将C分别摆入这两组队列中，可以得到三种方式：

①让C处于每列之后。

②让C所坐的位置处于每列之前。

③让C处于两个物体中间。

显而易见，对C而言只有这三种方式，并且没有别的位置可以摆放了。

因为我们一共有两种排列方式，即AC和CA，所以这三个物体的摆放方式一共有2×3=6种。下面是具体方法：

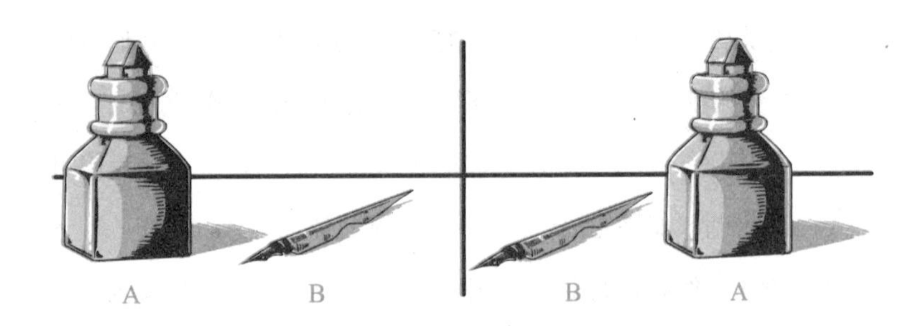

我们现在继续往下计算，算出排列4个物体的方法。假如现在有4样东西，分别称其为A、B、C、D。和刚才一样，我们先拿出其中的一个物体，比如D，然后来计算剩下的三个物体之间有多少种排列方式。上面已经计算出，A、B、C三个物体一共有6种排列方式。那么，可以用多少种方式把物体D分别加入6种排列中去呢？显然，有4种方法：

①将D放在每列物体的后面。

②将D放在每列物体的前面。

③将D放在A和B之间。

④将D放在B和C之间。

因此，总共可以得到的方式是：$6 \times 4=24$种。

又因为$6=2 \times 3$，$2=1 \times 2$，所以我们可以用乘法来表示这个结果：$1 \times 2 \times 3 \times 4=24$。

我们也可以用同样的方法计算，当需要排列5种物体时，则排列方式一共为：

$$1 \times 2 \times 3 \times 4 \times 5=120$$

而排列6种物体时，可以出现的方式有：

$$1 \times 2 \times 3 \times 4 \times 5 \times 6=720$$

依此类推。

接下来计算一下10位就餐者的排列方式。

如果把以下乘法算式的结果计算出来，十分容易便可以得出所有可能的座次方法：

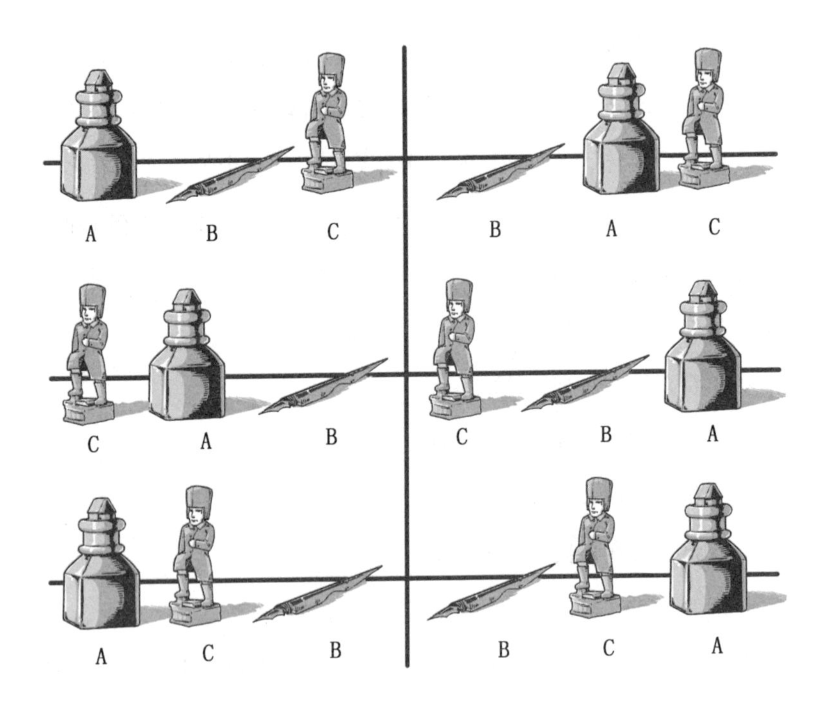

$$1 \times 2 \times 3 \times 4 \times 5 \times 6 \times 7 \times 8 \times 9 \times 10$$

这样便能算出前面已经得出的结果：3628800。

Ⅲ

假如这10位毕业生中有5位姑娘，而且如果她们希望能和男士交替着坐，就会有更加复杂的计算。尽管这种情况会让可能的就座方式减少很多，但是会增加计算难度。首先我们假设，让其中的1位男士随意坐下，如果要求其余的4位男士在每两人之间空一个位置给一位姑娘的话，可以得出座次的方式应该是$1 \times 2 \times 3 \times 4=24$

种不同的方法。并且因为一共有10把椅子，所以第一位男士就可以有10种方式就座。也就是说，所有男士可能的就座方式一共是 $10 \times 24=240$ 种。一共有多少种方式能安排这5位姑娘坐到剩下的空位上去呢？简单计算可得 $1 \times 2 \times 3 \times 4 \times 5=120$ 种。把男士可以选择的240种座次方法和姑娘们可以选择的120种方法相乘，就可以得到结果为 $240 \times 120=28800$ 种。

这个结果比之前计算出的结果要小很多，以这种方式安排座位一共需要大约79年——所以，假如10位年轻的就餐者能活到100岁，可能他们就等得到这顿免费的午餐了——那时，大概不是由这位服务员而是他的继任者来招待他们了。

名师点评

在《数字巨人》这章中，内容如其名，给孩子们展示了“倍增”的威力。

倍增，也就是指数增长现象，当一个量在一个既定的时间周期内，其百分比增长是一个常量时，这个量就显示出指数增长。本章中的前六个故事《有利的交易》《城市流言》《赏赐》《棋盘的传说》《快速繁殖》以及《诚实的孩子》，讲述的都是倍增算法在日常中的体现。

而随着科技的发展，信息传播、营销模式、证券指数、细胞繁殖分裂、细菌生长传播等，越来越多的“指数增长”现象在影响着我们的生活甚至“指导”着我们的未来。

本章的最后一个故事《免费的午餐》则讲述了另一个数学原理，即排列组合。排列组合是组合学最基本的概念。所谓排列，就是指从给定个数的元素中取出指定个数的元素进行排序；组合则是指从给定个数的元素中仅仅取出指定个数的元素，不考虑排序。排列组合的中心问题是研究给定要求的排列和组合可能出现的情况总数。

排列组合与古典概率论关系密切，博大精深。这个故事只涉及了经典排列组合里最基本的关于排列、组合和整数分拆的原理来计算一些物品在特定条件下分组的方法数目。而组合学所涉及的范围其实触及几乎所有数学分支并且正在渗透到其他自然科学以及社会科学的各个方面，例如，物理学、力学、化学、生物学、遗传学、心理学，以及经济学、管理学甚至政治学等。

第三章

未尝不可

在一间装修完的房间里，我看到角落里有一些从墙纸上剪下来的窄窄的纸条和用过的明信片。“只能用这些垃圾来烧炉子了。”我这么想着。可实际上，就算是这样一些看似没什么用处的东西也可以用来解解闷儿。哥哥就利用这些材料向我展示了一系列非常有趣的智力游戏。

剪刀与纸片

在一间装修完的房间里，我看到角落里有一些从墙纸上剪下来的窄窄的纸条和用过的明信片。“只能用这些垃圾来烧炉子了。”我这么想着。可实际上，就算是这样一些看似没什么用处的东西也可以用来解解闷儿。哥哥就利用这些材料向我展示了一系列非常有趣的智力游戏。

首先从这些纸条开始。他把一张三个巴掌长的纸条递给我，说：“用剪刀把这张纸条剪成三段。”

我刚要动手剪，哥哥却拦住了我：“慢着，我还有话说呢。请一刀把纸条剪成三段。”

这就麻烦了。我尝试了各种各样的方法，最终确信他给我的这个题目很难。我得出了结论：这个问题根本没法解决。

“这是不可能的，你在开玩笑。”我说。

“仔细想想，这不仅可以解答出来，并且你应该可以想得出来。”

“我猜这道题根本就没有答案。”

“那你可没猜对。给我剪刀。”

哥哥把纸条和剪刀从我手中拿过去，把纸条对折后又对半剪开。最后当然是剪出三段纸条了。

“剪出来了吧？”

“可是你把纸条对折了呀！”

“为什么你不把它对折呢？”

“因为你没说可以把纸条对折呀。”

“可是我也没有说不可以折叠，你就承认自己没有做出来吧。”

“再出一道题吧。这次你可糊弄不了我了。”

“这里还有一张纸条，你把它侧立在桌子上。”

“侧立……”我想了想，突然想起来，我可以折叠纸条。于是我把纸条折出一个角，然后将其立在了桌上。

“不错！”哥哥夸赞道。

“再出一道！”

“可以！看，我把几张纸条粘在一起，得到了一个纸环。请你用红、蓝两色的铅笔在纸环的外侧画一条蓝色的线，再沿着内侧画一条红线。”

“然后呢？”

“就这么多。”

小菜一碟！但是这么简单的一道题目我没能顺利完成。当我把蓝色线条的两端连起来，正准备开始画红线时，却懊恼地发现：纸环的两侧都被我画上了一条蓝线。

“再来1个纸环，我不小心把第1个画错了。”我窘迫地说。

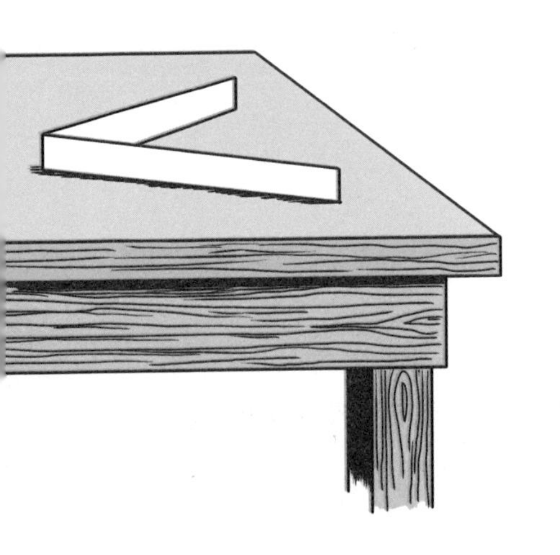

可是第2个纸环也遭遇了同样的失败：我竟然没有发现自己是怎样在纸环两侧都画上了同一条线的。“又弄糟了。真是想不明白！再给我一个吧。”

“拿吧，别吝啬纸。”

你们猜猜怎么着？这一次，纸环的两侧又都被画上了蓝色的线！

哥哥取笑我：“这种简单的事情你都做不好！看着，我一下就能搞定。”

他拿过一个纸环，在纸环外侧画了一条红色的线，在内侧画了一条蓝色的线。

我又拿起一个新纸环，谨慎地沿着纸环的一侧开始画线条，尽可能不把线条画到另外一侧。又失败了，我还是在纸环两侧都画上了一样的线条！我失望地看了哥哥一眼，他那狡黠的笑开始让我觉得事情有点儿不对头。

“嘿，这是怎么……难道是魔术吗？”我问他。

“对啊，我在纸环上施了魔法，所以这不是一般的纸环了。现在你来试试用这些纸环做点儿别的，比如说把这个纸环剪成两个细一点儿的纸环。”

“这有什么大不了的！”

剪开之后，我正准备把两个细纸环拿给哥哥看，却非常惊异地发现，手中的纸环不是两个，而是一个细长的纸环！

“哈，让你剪的两个纸环在哪儿？”哥哥讽刺道。

“再来一个纸环，我再剪剪看。”

“可你还是会剪成现在这样的。”

我又试了一次。这次我确实剪出了两个纸环，但是我却无法将其解开，因为这两个纸环缠绕在了一起。它们的确好像是被施了魔法一样。

“这个魔法的奥秘其实很简单。问题的关键在于，在把纸条粘成纸环之前，应该先将这些纸环的一端按照如图所示的方法拧一圈。”

“这就是魔术的秘密所在？”

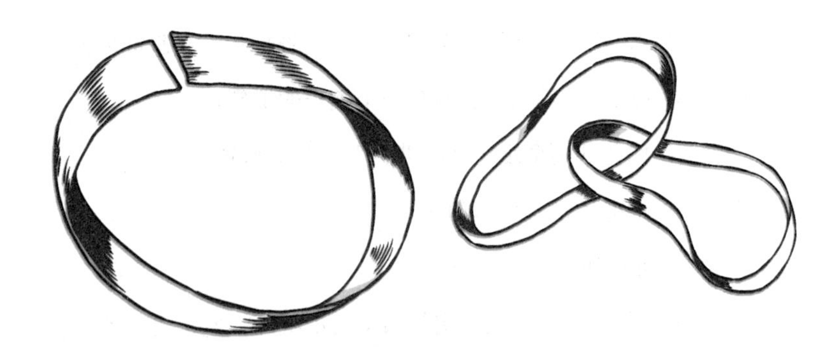

“你可以自己想想！当然我也是在普通的纸环上画线条。如果不仅将纸条末端拧一圈，而是两圈的话，结果可能会更有意思。”

哥哥在我面前用这个方法制作了一个纸环并把它递给我。

“剪一剪，看看你会得到一个什么结果？”哥哥说。

我按他说的做，最后剪出了两个纸环，但它们是一个缠在另一个上面的。太神奇了！

我自己也制作了3个这样的纸环，然后把它们剪成了3对拆不开的纸环。

“如果现在让你把这4对纸环连接成一个链条，你会怎么办？”哥哥问我。

“哈，这太简单了！把每对纸环中的一个剪开，再用它将别的纸环穿起来，最后粘在一起。”

“也就是说，你要用剪刀把3个纸环都剪开？”

“是呀。”我答道。

“不可以少于3个纸环吗？”

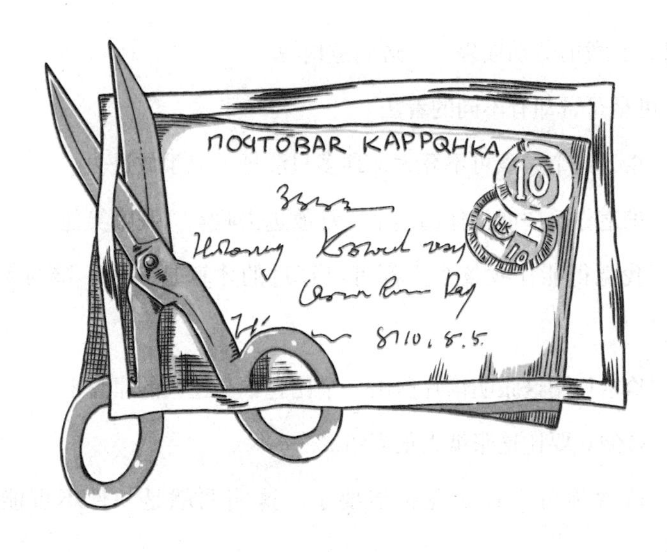

“可是我们有4对纸环。如果只把两个纸环剪开的话，怎么才能把它们都连接起来呢？那是不可能的。”

哥哥并没有直接回答，而是一声不响地把剪刀从我手中拿过去，把一对纸环中的两个都剪开，然后用这一对剪开的纸环将其余的三对连接起来：这样就形成了一个由8个纸环组成的纸链。这也太容易了！

“喏，我们已经把纸条游戏玩得差不多了。好像你还有一些用过的明信片吧？让我们开动脑筋想想，可以用这些明信片做点儿什么。试试看，在你刚刚拿到的那张明信片上剪出一个最大的窟窿。”

我用剪刀把明信片扎穿，然后十分小心地剪出了一个方形的窟窿，只剩下了一道窄窄的纸边。

“这就是最大的窟窿了！不可能有比它更大的了。”我一边展示给哥哥看我的劳动成果，一边满意地说。

可是哥哥却有不同的看法。

“喏，这个窟窿可不算大，顶多只能把一只手放进去。”

“难道你希望能把你的整个头都放进去吗？”我嘲笑他。

“我觉得能让我整个人都可以穿过的才算是一个不错的大窟窿呢！”

“哈哈！用这张明信片剪出一个比它本身还大的窟窿来？”

“是的。要比这张纸大很多倍。”

“这次你可没什么花招能耍了。这明明就是一件不可能的事情……”

哥哥开始动手了。我好奇地盯着他。他先对折明信片，在两个长边上、下用铅笔各画一条线（图3–1），接着从A点向上剪一刀，剪到上面那条线，又接着由上向下剪一刀，剪到下面那条线。就这样一上一下地剪，一直剪到B点（图3–2）。然后他把从A点的豁口到B点豁口之间的纸的底边都剪去（图3–2中的阴影部分）。最后把纸拉开，明信片就变成了一个很大的纸环。

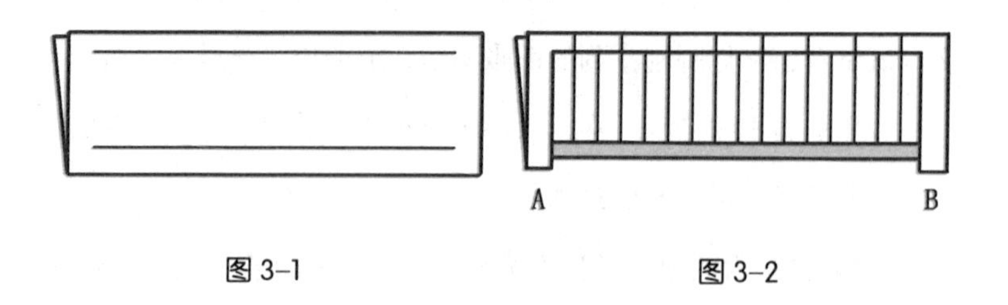

图3–1　　图3–2

“可以了。”哥哥宣布。

“但是我没看到窟窿。”

“再看看！”

他把明信片展开。这张明信片变成了一条长长的纸链——哥哥十分轻易地就把纸链套过了我的脑袋。曲线状的纸链在我的脚边落下。

“怎么样，你可以钻过这个窟窿吗？”

“当然了，而且两个人在一起站着也不会觉得拥挤！”我惊叹道。

哥哥结束了魔术表演，而且许诺下次会给我表演一些新的魔术——但不是用纸，而是用硬币来表演了。

硬币的戏法

吃早餐的时候，我提醒哥哥："昨天你可是承诺要为我表演硬币魔术的。"

哥哥笑着说："刚起来就想要看魔术？那好吧。你帮我腾出一个空碗来。"

于是，哥哥将一枚硬币放在空碗中，然后问我：

"现在你向碗里看，注意不要改变自己的位置，但也不能身体前倾。你能看见我放入的那枚硬币吗？"

我回答："我能看见。"

哥哥将那只碗轻轻地挪了一下，又问："现在还能看到吗？"

我答："现在只能看到硬币的边缘，其余的部分根本看不到。"

于是哥哥又将碗轻轻地移开些，直到我无法看到硬币——硬币被碗壁全遮住了。然后，哥哥说：

"现在请你将身体坐直，不要移动。我马上要往碗里倒水。这回你还能看到硬币吗？发生了什么现象？"

"我又看见硬币了，而且是硬币的全部。现在，它就如同碗底的一部分，也在随着碗底一起稍微往上移动着。这究竟是什么原因呢？"

当哥哥在纸上用铅笔画出那个碗时，我恍然大悟。由于光是沿直线传播的，而且在硬币和我的眼睛之间有一个不透明的碗，所以，在没有水的碗底的硬币所发出的任何一条光线都无法传入我的眼睛。而在倒满水的碗里，情况则截然不同：从水中射出来的光线进入空气时会发生弯折（即科学家所说的“折射”），它神奇地从碗边越过，进入人的眼睛。我们习惯地认为“光沿直线传播”，于是便认为硬币所在的位置变高了，高到了我们沿着光线所在的直线反向看过去的地方。于是乎，我们也就觉得碗底跟着硬币一起，略微往上有所移动。

哥哥语重心长地说：“你在游泳的时候同样也适用这个实验。千万要记得，如果你是在清澈见底的浅水处游泳，实际上，你所看见的水底，并非实际的水底位置，而是比实际位置大约高了整个水深的1/4的‘水底’。比如，水的实际深度是1米，那么你所感觉的水深，应该仅有75厘米。有时正是这个原因，导致许多孩子在游泳时发生不幸。也就是说，他们错误地估计了水的深度很可能会给他们带来灾难。”

听完哥哥的话，我有所感悟，又问道：“从前，我注意到一个现象，当我们驾着小船，在清澈见底的水面荡漾时，会觉得周围的水域都比船的正下方浅；而当我们将船划到另一个地方时，又会觉得船的新的位置的正下方才是整个水域最深的地方，仿佛深水处会随着小船一起移动。这又是什么原因呢？”

哥哥说：“现在你应该能理解这个现象了吧。这个现象的秘密就是，我们看见的‘深水处’所发出的光线基本上都是垂直地从水里射出来的，与其他地方的光线相比，发生的方向改变幅度要小；这也就导致了垂直的光线所在的水底与其他水底相比，水面向上移动的位置要小一些。所以，即使整个水底完全是平的，但我们还是会觉得船底下方是最深处……来，我给你出道题：如何在每个碟子里只能放一枚硬币的前提下，往10个碟子里放11枚硬币？”

“你可千万别告诉我这也是一道物理实验题。”我瞪大眼，好奇地跟哥哥说。

“哈哈，当然不是，”哥哥大笑道，“这是一道心理实验题。行了，别想那么多，试着动手吧。”

“呃，每个碟子里只能放一枚硬币，还得把这11枚硬币都放到10个碟子里，这怎么可能！不，不，不，我真的是无能为力了。”不一会儿，我就泄气了。

“别急啊，来，我们一起动手。在第1个碟子里放入第1枚硬币，同时，把第11枚硬币暂时‘寄存’在里面。”

我满脸狐疑地将两枚硬币放在第1个碟子里，非常好奇接下来会发生什么神奇的事情。

哥哥自信满满地说：“两枚硬币都放进去了吧，是不是很简单？接下来依此类推。在第2个碟子里放入第3枚硬币，在第3个碟子里放入第4枚硬币，在第4个碟子里放入第5枚硬币……都放好了吗？”

带着满脑子的疑惑与好奇，我一边听哥哥说，一边做。就在我往第9个碟子里放第10枚硬币的时候，“奇迹”发生了！我已经放了10枚硬币了，而第10个碟子是空的！太不可思议了！

“接下来，就是见证奇迹的时刻，我们把暂时‘寄存’在第1个碟子里的第11枚硬币放到这个空碟子中。”哥哥一边面带微笑地说，一边把第1个碟子里的“第11枚硬币”放入第10个碟子里。

在每个碟子中都只能放一枚硬币的前提下，11枚硬币竟全部放入了10个碟子里。这简直是个奇迹！

哥哥以迅雷不及掩耳的速度将所有的硬币收起来，却并不想告诉我原因是什么。

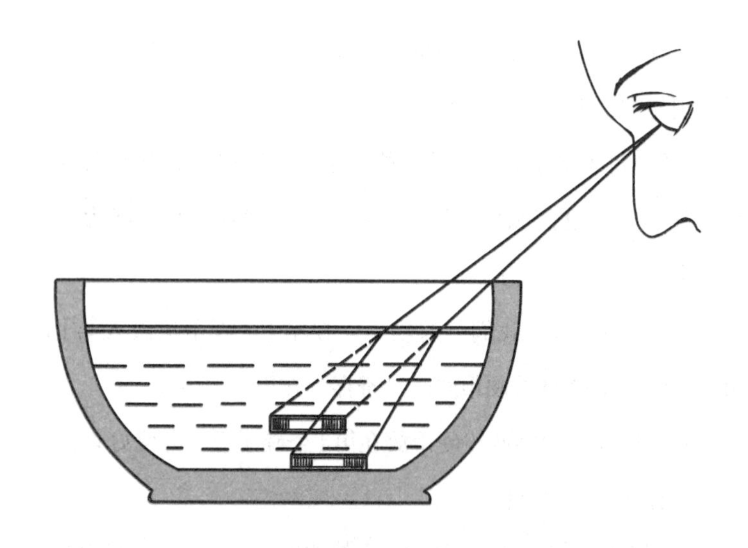

“如果你能猜出来为什么，将比我告诉你答案更有意思，也更有意义。”哥哥说。

我苦苦地请求他告诉我答案，但他却一点儿也不理会。接着，他又给我出了一道新题。

“你想想，如何把这6枚硬币，在每列都必须有3枚硬币的情况下，把它们排成3列。”

我稍微思索了一会儿，说：“你得给我9枚硬币才能办到。”

“谁都能用9枚硬币办到。但是，你只能用这6枚硬币。”

“哥哥，你不会又是在逗我玩吧？”

“唉，你怎么那么容易就认输了！这其实非常简单。”

接着，他就用下面的方法排列硬币了。

“看吧，这不就是用6枚硬币完成了刚刚那道题（图3–3）？”

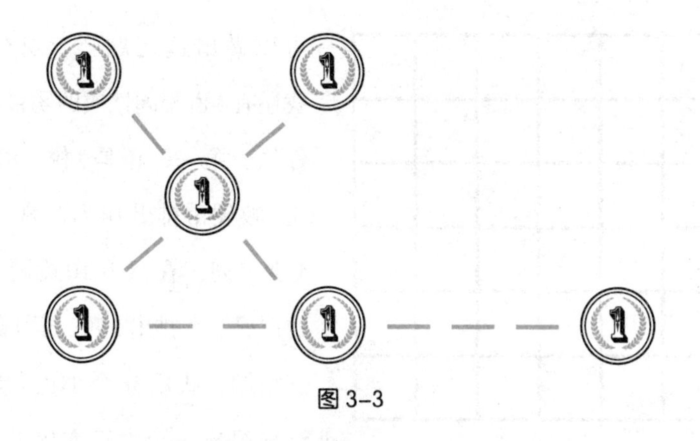

图 3-3

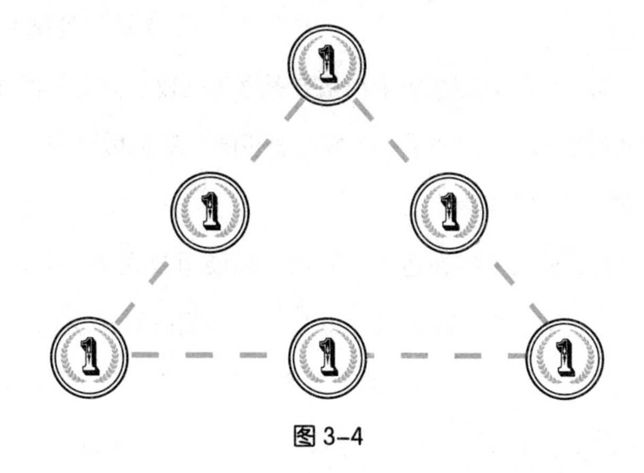

图 3-4

“但是，你这3列是相互交叉的啊！”我不服气地说。

“又没有规定不能交叉（图3-4）。”

“如果你早告诉我可以这样，那我也能做出来。”我还是不太服气。

“等会儿有时间的时候，你再自己琢磨琢磨还有没有其他方法

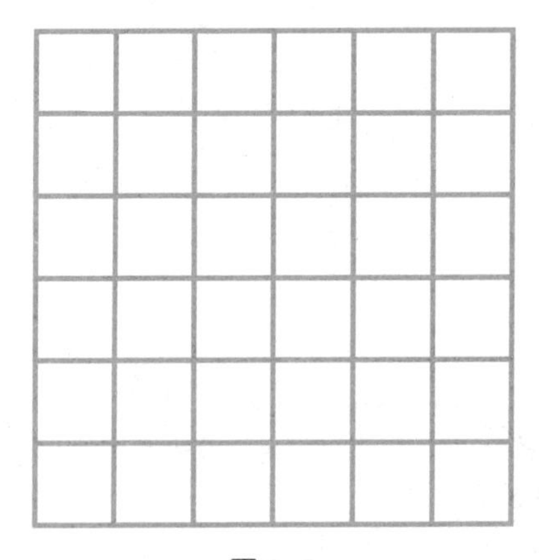
图 3–5

可以做出这道题吧。现在，我还有3道相同性质的题目让你做。第一，还是3枚一列，用9枚硬币排出10列；第二，4枚一列，在只有10枚硬币的情况下，排出5列；至于第三道题，我用36个小正方形给你组成一个大正方形（图3–5），你要做的是把18枚硬币放到里面，而且只能往每个小正方形里放一枚，但必须保证每个横行和纵列里都有3枚硬币……好好想想吧，等你做出来了，我再用硬币给你表演一个魔术。”

哥哥把3个碟子摆在边上，并把一摞硬币放在第一个碟子里：从下往上放了1卢布、50戈比、20戈比、15戈比和10戈比。

“接下来，你得把这摞硬币移动到第三个碟子里，但必须要遵循以下规则：一次只能移动一枚硬币，且不可以往面值小的硬币上面放面值大的硬币，不过，如果你遵循前两个规则，可以暂时在第2个碟子里放硬币。最终的结果是，所有硬币按照它们在第一个碟子中的次序全部转移到第3个碟子里。规则还是挺简单的，动手吧。”

听完规则后，我便开始移动硬币。首先，我在第3个碟子里放了10戈比的硬币。接着，我在中间那个碟子里放入15戈比。然后，我就不知所措了：该怎么移动比10戈比和15戈比都大的20戈比呢？

哥哥看出我在犯难，于是点拨了我："把10戈比移动到15戈比上面，这样不就可以在第3个碟子里放入20戈比了吗？"

听了哥哥的话，我恍然大悟，但又犯难了。该怎么移动50戈比呢？很快，我就解开了心中的谜团：可以把10戈比的硬币先移动到第1个碟子里，接着把15戈比移动到第3个碟子里，最后把10戈比从第1个碟子移动到第3个碟子，这样，就把第2个碟子腾出来了，所有问题都迎刃而解了，也就可以把50戈比移动到里面了。反复使用这个方法移动硬币后，1卢布的那枚硬币被我成功地移动到了第3个碟子里。最终，我成功地将所有硬币都移动到第3个碟子里。

"不错。不过你知道你一共移动了多少次吗？"哥哥一边称赞我一边问。

"呃，我忘了数。"

"好吧，那就让我帮你数一数。毕竟，能够知道怎么用最少次数的移动来达到我们的目的也是一件很有意思的事情。假设，我给你的不是5枚硬币，而是一枚10戈比和一枚15戈比的硬币，你需要移动多少次？"

"3次，先在第2个碟子里放入10戈比，然后在第3个碟子里放入15戈比，再把10戈比从第2个碟子移到第3个碟子就可以了。"我略加思索后回答。

“很好。接下来我再给你一枚20戈比的硬币，这次，需要多少次移动就能完成？这样吧，我们先把面值较小的那两枚硬币移动到中间的碟子里，这样需要3次。再往第3个碟子里移动20戈比的那枚，又移动了一次。最后把两枚面值较小的硬币移动到第3个碟子里，这样就又移动了3次。总共移动了3+1+3=7次。”

“接下来让我们算算需要多少次移动才能把四枚硬币转移。首先，需要移动7次才能把面值较小的3枚硬币移动到中间的碟子去——在这里需要7次；接下来把50戈比移动到第3个碟子里，这里是1次，最后，把这3枚小面值硬币移到第2个碟子中——还需7次。总共就是7+1+7=15。”

“好样的，那移动5枚硬币要几次呢？”

“15+1+15=31。”

“看来你已经明白计算的方法了。不过，我这里有更简单的算法要告诉你。你看，我们算出来的结果是3，7，15，31——这些数字是不是都是2做两次或多次乘法之后再减去1。请看！”

哥哥给我列了出来：

$3=2\times 2-1$

$7=2\times 2\times 2-1$

$15=2\times 2\times 2\times 2-1$

$31=2\times 2\times 2\times 2\times 2-1$

"原来如此：有多少枚硬币需要移动，就是把多少个2进行相乘后减1。这样的话，我就可以计算出任意数目组成的一摞硬币需要移动多少次了。比如说，需要移动7枚硬币，那么，结果是：$2\times 2\times 2\times 2\times 2\times 2\times 2-1=127$。"

"看来你已经完全掌握这个古老的游戏了。但有一条规则需要记住：如果硬币的数目是奇数，那么就先把第1枚硬币放到第3个碟子；如果硬币的数目是偶数，就先把它放到中间的碟子里。"

"你刚刚说这是一个'古老的游戏'，难道这个游戏不是你想出来的？"

"当然不是，只不过，我把它用在了移动硬币上。这个游戏已经相当古老了，据说发源于印度。还有一个和这个游戏有关的古老而又有趣的传说。在巴纳拉斯城有个寺院，印度婆罗门神不但创造了世界，还制作了3根嵌有钻石的木棍，并把64个金环放在其中的一根木棍上。寺院的祭司按照我们的规则：只能在不把较大的金环放在较小的金环的上面的情况下，每次移动一个金环，用第3个木棍作为辅助，昼夜不停地移动金环，直到把64个金环移动到另一根木棍上。而世界末日会在64个金环全部转移后到来。"

“哦，那也就是说，如果这个传说是真的，那么，世界末日早就到了！”

“在你看来，转移这64个金环是不需要多少时间的，对吧？”

“那必须啊。假如说做一次转移需要一秒钟，那么，做3600次只需要一个小时。”

“这又能说明什么呢？”

“这样的话，一天就可以做100000次转移，十天就可以做1000000次。这样的话，转移的金环应该不止64个，我觉得应该是1000个吧。”

“这样想你就错了！实际上，他需要花费整整5000000000000年才能转移整整64个金环！”

“这怎么可能！转移的次数不就是64个2相乘，结果是……”

“结果也就是1844亿亿多而已。”

“这不可能，我现在就用计算来检验这个结果。”

“好的。我应该能在你做乘法的时候搞定我要做的事情。”

哥哥搞定了以后，我还在埋头苦算。虽然很没有意思，但我还是很耐心地在算。我先是把16个2相乘，结果是65526的平方，然后把这个结果再平方。最后，结果出来了，我得到的数字是18446744073709551616。

换句话说，哥哥才是对的！

接下来，我鼓起勇气去做哥哥让我自己做的其他题目。这些题还不算难，有的可以说是非常简单。在10个碟子里放11枚硬币简直是简单到极致了：我在第1个碟子里放了第1枚和第11枚硬币，依此类推。接着放了第3枚、第4枚，直到第11枚。可是，我却忘了，第2枚硬币消失了，我们根本就没有放第2枚硬币！所有的奥秘，其实就在这儿。

至于排列硬币的问题，只要看结果图就变得很清晰明了（图3–6和图3–7）。

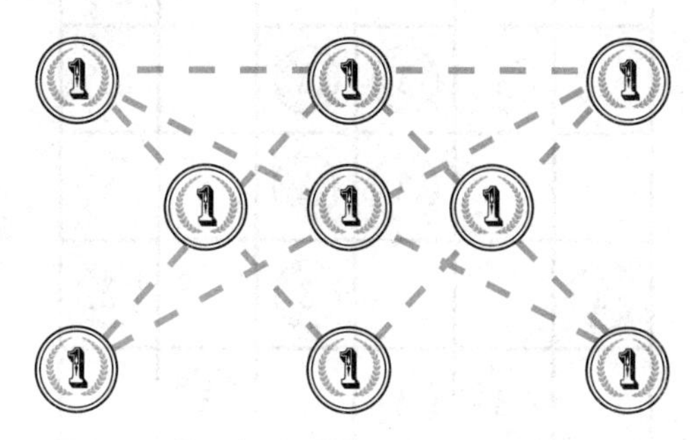

图3–6　将9枚硬币排列成10列，每列3枚

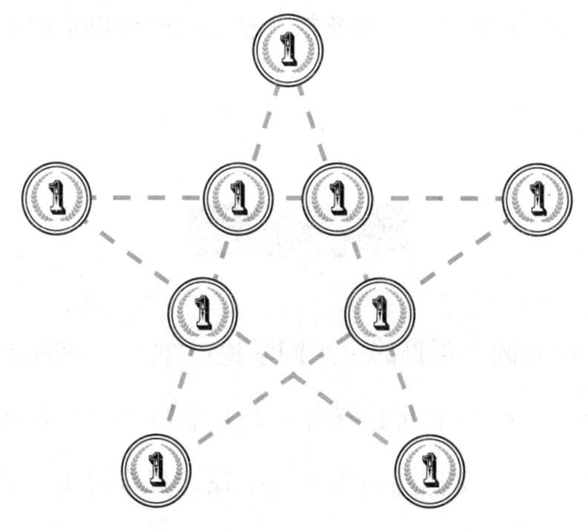

图3–7　将10枚硬币排列成5列，每列4枚

最后，我成功地解决了把硬币放到小正方形里的问题：在每个横排和纵列都是3枚硬币的前提下，把18枚硬币放在由36个小正方形组成的大正方形里（图3–8）。

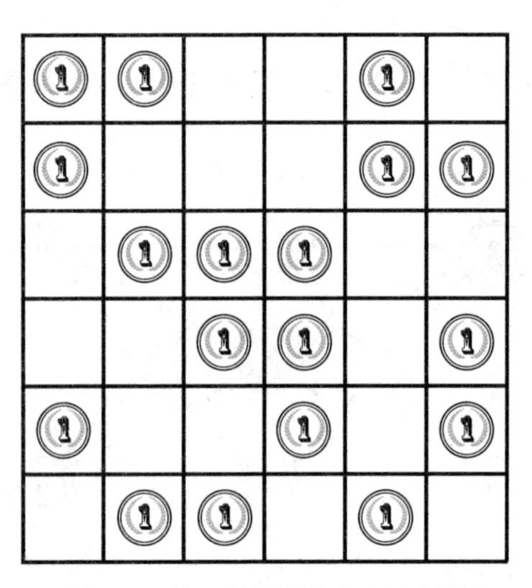

图3–8 将18枚硬币放入大正方形
（由36个小正方形组成），每格放一枚，使横行和纵列都有3枚硬币

早餐猜谜

吃早饭的时候，哥哥的一个同学说："昨天，我听到了一道非常有趣的题目，在一张纸上剪出一个大小如10戈比硬币一般的窟窿，然后把一枚50戈比的硬币从这个窟窿里穿过去。他们认为这件事能够做到。"

哥哥回答说："现在我们就来实验一下，我看此事做不到。"说完，他翻了翻记事本，通过计算之后又说："是的，可以做到。"

那个同学迷惑地问："为什么会这样？我还是不清楚。"

"哦，我知道怎么穿了，"我插话道，"我们可以把50戈比分为5个10戈比，这样一个一个地穿五次，不就把50戈比穿过去了嘛！"

哥哥瞪了我一眼，纠正说："是完整的一枚50戈比的硬币。我们需要把这枚硬币穿过去，而不是你说的50戈比。"

接着，哥哥从口袋里掏出两种面值的硬币，他先把那个10戈比的硬币贴在一张纸上，并用铅笔沿着硬币勾勒出轮廓，然后用铅笔刀上的小型折叠剪刀沿着画出的轮廓剪出了一个圆圈。

"下面，我将从这个圆圈把这枚50戈比的硬币穿过去。"

我们满脸疑惑地盯着哥哥的手，看他如何把硬币穿过去。只见他把纸片折叠起来，那个剪出的圆圈就变成了一道又长又窄的缝隙，这枚50戈比的硬币果真从这条缝隙中穿过去，大家不难想象，穿过去的一霎我们有多么吃惊！

哥哥的同学追问道："虽然亲眼所见，但我还是不能理解。纸上的那个圈明明小于一枚50戈比硬币的周长啊！"

哥哥耐心地说："听我说完你就明白了。我们知道，一枚10戈比的硬币其直径约为$17\frac{1}{2}$毫米。然而，这个圆圈的周长为硬币直径的$3\frac{1}{2}$倍，即圆圈周长在54毫米以上。现在大家想想，当我折叠这张纸使圆圈变为一条缝隙时，它的长度大概是多少呢？显然，这个长度大约是圆圈周长的$\frac{1}{2}$，那么，缝隙的长度有27毫米多一点儿。我们已知50戈比的硬币直径小于27毫米，因此，让硬币穿过这条缝隙应该不是问题。当然，硬币的厚度我们也该考虑在内。但是你们再想想，在我用铅笔勾勒硬币的轮廓时，所得到的圆圈周长一定会大于硬币本身的周长。所以，硬币的厚度可以被忽略掉。”

“我终于明白了。”哥哥的同学兴奋地说，“这就好比我将一枚50戈比的硬币用一个活线套紧箍起来，再把这个活线套固定成一个线圈。很明显，这枚50戈比的硬币能轻易地穿过活套，但要想穿过线圈是不可能的。”

“哥哥，这所有硬币的大小你似乎都装在心里了。”妹妹说。

“我可记不住所有硬币的大小，我只能把那些好记的记住，其余的我都做了笔记。”

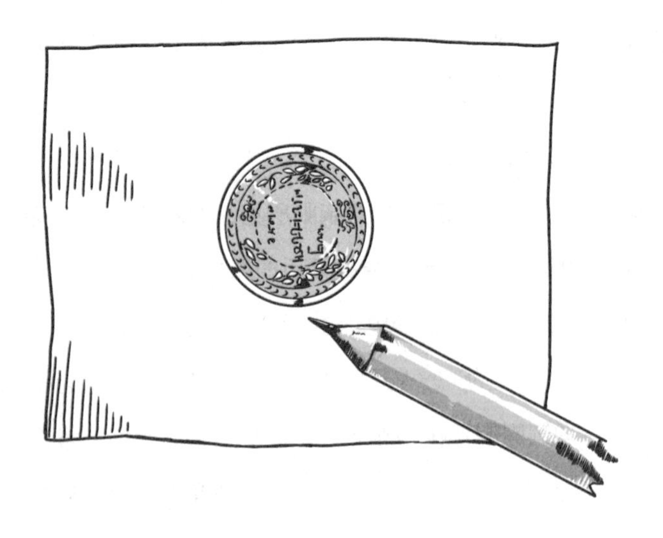

“哪些是比较好记的呢？可我觉得哪一个都很难。”

“不是的。例如3个50戈比的硬币紧密排列时的长度是8厘米，要记住这一点没有你想的那么难吧！”

哥哥的同学诚恳地说：“这一点我还真没想到，但是，一旦把这一点弄清楚，那硬币就可以用来充当测量工具了。对于像鲁滨孙这样的人来说，假如他口袋里有一枚50戈比的硬币，就会用它做很多出人意料的事情。”

“看过儒勒·凡尔纳的小说吗？其中的一个主人公也曾这样做过，原因在于，法国的硬币大小和米尺之间有一种简单的比例关系。我们想一想，‘鲁滨孙们’还能借助硬币进行称重呢。50戈比的硬币有10克重，1卢布的硬币有20克重。”

妹妹又插嘴说：“那50戈比的硬币的体积是不是1卢布硬币体积的一半呀？”

“回答正确。”

“然而，50戈比的硬币厚度并不是1卢布硬币厚度的一半，直径也并非其一半。”妹妹补充说。

“其实，1卢布的硬币应该不做成那样，因为其体积就并非50戈比的硬币的2倍了，而变成了……”

“而变成了4倍，我知道这个。”

“你又说错了，准确地说是8倍。因为假如一枚1卢布硬币的直径为50戈比的2倍，那么长度自然也是2倍；又因为其厚度也是50戈比的2倍，因此，其体积就应当是50戈比硬币的$2\times2\times2=8$倍。”

同学接着说：“要想使这枚价值1卢布的硬币的体积是50戈比硬币体积的2倍，那么，两种硬币的各体积参数之间应当存在这样的关系：这个比例关系数字连乘3次后的结果是2。”

“是的，这个比例关系数字大概是$1\frac{1}{4}$，并且$1\frac{1}{4}\times1\frac{1}{4}\times1\frac{1}{4}\approx2$。”

“那真实情况呢？”

“真实情况也是这样：1卢布的硬币的直径是50戈比的$1\frac{1}{4}$倍。”

这时，同学说：“由此，我回想起了这样一个故事。一个人在梦里看见一枚1000卢布的硬币，当这枚硬币立起来时，其高度大约相当于4层楼房。假如有一天这样一枚硬币真的被制造出来，那它肯定没有一个人高。”

“是的，由于$10\times10\times10=1000$，所以其直径相当于1卢布硬币直径的10倍。这样的话，把它立起来的高度仅为33厘米，大约是一个人身高的$\frac{1}{6}$，那么，你说的那位做梦者所梦见的4层楼高是不可能的。”哥哥解释说。

“由此，我们可以得出这样一个结论：假如一个人比另外一个人高$\frac{1}{8}$，同时还比另外一个人重$\frac{1}{8}$，那么，这个人的重量就是另外那个人的2倍。”

“你这个结论是很正确的。”

妹妹又好奇地问：“那巨人的重量是侏儒的多少倍呢？可能差不多是10倍吧？”

“错，是几百倍！”哥哥回答说，“据我所知，目前世界上最高的巨人是来自阿尔萨斯的一位身高2.75米的强壮的男子，他的身高整整比人类的平均身高多出1米。”

“侏儒又是怎样的呢？”

“资料显示，最矮的成年侏儒的身高不超过0.4米，换句话说，侏儒的身高大约是巨人身高的$\frac{1}{7}$。这意味着，假如将这位巨人放在天平的一端，那么为了使天平恢复平衡，另一端应当放$7\times7\times7=343$位侏儒，这可就是一大群了！”

“我在实际生活中遇到这样一个题目，你们顺便帮我解决了吧。”妹妹回忆说，“有两个西瓜大小不同，大西瓜的大小是小西瓜的$1\frac{1}{4}$倍，然而价钱是小西瓜的1.5倍，购买两个西瓜中的哪一个比较合适呢？”

哥哥对我说：“哦，你先试着解答吧。”

“假如大西瓜的大小是小西瓜的$1\frac{1}{4}$倍，而价钱上却比小西瓜贵1.5倍，那很明显，购买小西瓜比较划算。”

哥哥纠正道："不对！我们此时此刻讨论的问题是：假如一个物品不管是长度、厚度，还是高度都是另一个物品的$1\frac{1}{4}$倍，那么，这个物品的体积就应当是另一个物品体积的2倍。所以，购买大西瓜更合适，因为它的价格虽然是小西瓜的1.5倍，但是可以食用的果肉却是小西瓜的2倍。"

"那为什么大西瓜的要价只是小西瓜的1.5倍，而不是2倍呢？"同学问道。

"那是因为售货员根本不懂几何学，但买主同样不懂，所以他们都不知道怎么做买卖才最划算。有一点倒是可以完全确定，就是不管什么时候买大西瓜都比买小西瓜更划算，因为通常情况下，售货员都会低估大西瓜的实际价值，可惜的是大多数顾客对这一点毫无意识。"

“这样说来，买个儿大的鸡蛋比买个儿小的划算喽？”

“那是当然，大个儿的鸡蛋比较便宜。不过，比起我们的售货员，德国的售货员更加聪明，因为他们销售鸡蛋从来都是按照重量来的。这样就不会出现估价失误的问题了。”

“以前有人给我出了一道很有意思的题，当时我思考了很久才回答上来。”客人说，“我至今还清楚地记得这道题目：有个路人问渔民今天捕了多少鱼。渔民回答说：‘总重量的$\frac{3}{4}$加上$\frac{3}{4}$千克。’问鱼的重量共有多少？”

“哦，这个题目很容易啊。”哥哥迅速回答说，“通过渔民的话很容易知道，鱼总重量的$\frac{1}{4}$就是$\frac{3}{4}$千克。因而，鱼的总重量是$\frac{3}{4}\times4=3$千克。我给你们说一道更有挑战性的题：世界是否存在头发数目是一模一样的人？”

“这个我知道，所有秃头的人的头发数目都一样。”我不假思索地回答。

“那要是并非秃头的正常人呢？”

“正常人当然没有一样的了。”

“我的问题并不包括那些秃头的人，另外，我还想问在莫斯科是否存在头发一样多的人？”哥哥强调说。

“在我看来，即使真的存在这样的人，也仅仅是个巧合罢了。现在我们在这里理论是有可能的，但我敢拿1000卢布来做赌注，要想找到两个头发数量一样的人，别说是在莫斯科了，就算是全世界也不可能。”

“假如换作是我，绝对不会打这个赌，因为你打的这个赌根本没有赢的可能性。我不敢说能够很容易地找出两个头发数量一样的人，然而我可以明确地告诉你们，这样的人在莫斯科就有几十万对。”

“什么？你在逗我吧？头发数量完全一样的人仅仅在莫斯科就有几十万对？”

“我可没逗你开心。你仔细考虑一下，莫斯科的人口与人的头上的头发数量哪个多？”

“自然是人口多了。但两者存在什么关系吗？”

“现在就告诉你有什么关系。假如说莫斯科的人口多于一般人的头发数量，那么头发的数量就一定会重复。据调查研究显示，一般一个人大概有20万根头发，莫斯科的人口数大约为160万。假设第一个20万莫斯科人的头发数目都不一样，那我问你，第200001个人的头发数目有多少呢？愿意也好，不愿意也罢，你必须得承认，这个人的头发数量一定和前20万莫斯科人中某个人一模一样，原因在于他的头发不会超过20万根。这样推算，第20万莫斯科人中的每个人的头发数量都会与前一批20万人中某一个人相同。所以，即便莫斯科人口仅有40万，但是头发相同的人最起码不少于有20万对。”

“你分析得没错，在这个问题上是我疏忽了。”妹妹坦诚地说。

哥哥跟我说：“我这里还有一道题，题目是有两座城市分布在一条河的两岸，两市之间的距离有以下关系：假如一艘轮船顺流航行，需要4小时才能过河，假如逆流则需要6小时方能通过。问题是一块木板需要多长时间能够漂过这条河？这道题目还是由你回答。”哥哥接着说，“你之前已经学过分数了，现在你应该能想出答案。现在我们再来玩猜数字的游戏吧，猜的任务交给我。你们负责任意想一个数，然后把这个数乘9，最后从结果中把除了0和9之外的任意一位数字去掉，再按照任意顺序给我读出剩下的数字，我就可以把你们去掉的那位数字猜出来。”

我们按顺序将剩下的数字读出来，在我们读完的一瞬间，他迅速地将我们所去掉的那个数字说了出来。

关于其中的奥秘，哥哥并没有马上给我们讲解，而是继续往下说：“我们再来换个玩法。现在大家想出一个数字，然后在这个数字后面加上一个0，然后减去这个数字，再加上63。最后还是像刚才那样，从所得结果的数字中任意去掉一位数字，给我读出剩下的数字。你们准备好了吗？”

我们按照他的要求读出了剩下的数字——哥哥都及时并准确地把我们每个人所去掉的数字说出来了。

哥哥继续对我说：“现在由你，当然你们中的任何一位都可以，随意写一个三位数，不要让我看到。写完了在这个数字后面再把这个三位数添上，使它变成一个六位数，完成了吗？现在用这个数除以7。”

“你说的倒是很轻松，除以7……有可能会有余数呢。”

“肯定能除尽的，放心，没有余数。算出结果了没？算出来把结果告诉妹妹。”

实际上，这个数字除以7确实能除尽。于是我将纸片递给了妹妹。

哥哥又吩咐妹妹："你现在用这个结果除以11。"

"还是没有余数对吧？"

"是的，……你试试，没错吧？不要让我看到，继续往下传递给我的同学。"

哥哥让他的同学再把得到的结果除以13。

"难道还是能够除尽吗？"

"是的，能除尽，算出结果了吗？"

同学把写有最终结果的纸片递给哥哥，哥哥看都没看就转递给了我，并斩钉截铁地对我说："这个数字就是你当初写出来的那个。"

我疑惑地打开纸片：的确是我最初写出的那个数字……

"太奇妙了！"妹妹高兴地大喊。

哥哥对我说："这个简单的算术魔术的谜底像下一个魔术一样，简单至极。下一个魔术开始了。你们需要写出三个多位数，当你们把其中的两个写完之前，我能把这三位数之和提前说出来。现在你随便写下一个5位数。"

我便随手写下了67834。哥哥把另外两个加数的位置留出来，然后画了一道横线，在横线下方写下了结果：

（我）67834

——

（哥哥）167833

“你们再随便来一个人把第二个加数写下来，最后我自己写第三个数。”同学接过纸片，添写了以下数字：

（我）67834

（同学）39458

——

（哥哥）167833

此时，哥哥不假思索地把第三个加数添上了：

（我）67834

（同学）39458

（哥哥）60541

——

（哥哥）167833

我们验证了一下：完全没错！

“你是怎么做到如此迅速地计算出你写出的数减去前两个加数之和差的？”

“不，我做不到，那种本事我还没练过。但是，玩这种魔术，我除了能用5位数的加数，8位数也没问题，前提是你们愿意跟我玩。”

果然，哥哥做到了。所得的结果如下所示，各个数字的填写顺序已用罗马数字标明：

Ⅰ（我）23479853

Ⅲ（同学）72342186

Ⅳ（妹妹）58667783

Ⅴ（哥哥）41332216

Ⅵ（哥哥）27657813

——

Ⅱ（哥哥）223479851

当我只将第一个加数写出来的时候，哥哥就准确地把最终的结果写出了。

哥哥笑着跟我们说：“你们一定觉得，我有能力把这么大的数的和快速计算出来，然后用我写出的结果快速将其减去，之后再将这个差拆成两个加数吧。其实，问题一点儿都不复杂，我相信，只要你们闲着的时候好好琢磨琢磨，就会明白其中的奥秘。”

同学记完题目问哥哥：“我似乎记得你会用火柴猜谜，是吧？是否可以请你现在为我们表演一下这个魔术呢？”

“没问题啊。还是像不久前在你家里表演的一样吗？”哥哥说着便在桌上随意摆下了8根火柴（图3–9），然后告诉我们，他一会儿会去隔壁房间，当他回来的时候便可以把在他离开期间任何人选中的那根火柴准确地猜出来。大家需要注意的只有一点，就是为了方便监督，选中某根火柴的人必须用手指碰一下这根火柴，前提是不允许任何人移动火柴。也就是说，火柴必须保持最初摆放的样子。

哥哥去了隔壁房间，我们小心地关紧门，并且我还用一张纸严严实实地把锁眼遮住了。先从妹妹开始，只见她用手指碰了一下其中的一根火柴，之后我们大声喊：

图 3-9　哥哥将 8 根火柴“随意”摆在桌上

“哥哥，你可以进来了，我们准备好了！”

哥哥回到房间，走到桌子前，真的将妹妹选中的那根火柴正确地指出来了。

我们将这个游戏重复了大约10次，我、妹妹和同学轮流来选火柴，结果哥哥每次都能将我们选中的火柴准确地猜出来。同学时而大声地表示惊讶，时而哈哈大笑，我和妹妹也是丈二和尚摸不着头脑，我们三个都迫不及待地想知道这个魔术的奥秘。

“现在由我来为大家揭开其中的奥妙。”哥哥可算是发了慈悲心了。哥哥指着他的同学，夸张地说：“首先请允许我给你们隆重介绍本魔术中我的得力助手。”我和妹妹还是疑惑不解，哥哥接着说：“我在这桌子上，用火柴摆了一幅他的肖像。虽然不那么逼真，但是做到能区分出五官还是可以的，你们看，这里是额头，这两根火柴代表眼睛，这两根代表耳朵，这里是鼻子、嘴巴、下巴。我只需要每次走进这个房间的时候先看一眼我的助手。你们注意到他或是拿右手轻轻摸摸下巴，或是眨眨左眼或右眼，或是挠挠鼻子这些小动作了吗？对我来说，这些足够了，我足以知道你们选中的是哪根火柴（图3–10）。”

“居然是你和哥哥串通好的！”妹妹笑着对同学说，“如果我早知道的话，我碰火柴的时候一定不让你看到。”

“那样的话，我肯定不会猜到的。”哥哥笑着承认说，“我们这顿饭吃的时间也太长了，现在我宣布，这顿猜谜早餐就此结束。”

大家是不是很想弄清楚如何解答哥哥留给我们的那些题目？我们先来解释轮船和木板这个题目的解答方法。

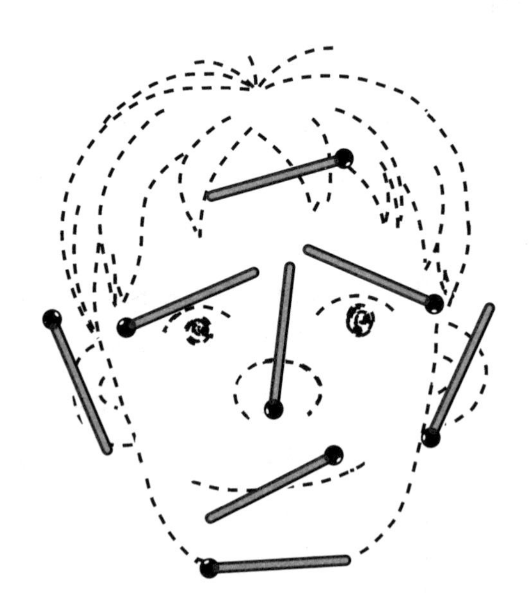

图 3–10　用火柴摆出的“同学”

当轮船顺流航行时，渡河全程需要4小时，也就是说它在一小时之内可以通过全程的$\frac{1}{4}$；当轮船逆流航行时，轮船的速度是全程的$\frac{1}{6}$。很明显，假如用全程的$\frac{1}{4}$减去全程的$\frac{1}{6}$，所得的结果就是河水一小时之内流过的距离的2倍，即水流速度的2倍。知道为什么是2倍吗？因为全程的$\frac{1}{4}$就是轮船本身的速度与水流速度的和，而全程的$\frac{1}{6}$则是轮船的速度与水流速度的差，所以，前一个数字与后一个数字的差就是水流速度的2倍，即$\frac{1}{4}-\frac{1}{6}=\frac{1}{12}$。简单地说，河水每小时流过的距离相当于两个城市之间的距离的$\frac{1}{24}$，因而河水需要24小时流完两市之间的距离。也就是说，木板需要24小时才能漂过这个距离。

接下来是去掉数字的那个题目，其实问题的实质是：每个9的倍数中含有的数字之和也是9的倍数。先来看第一种情况，把写出的数乘9，那么这个数中包含的数字之和就是9的倍数。如果明白了这一点，我们就可以轻松地算出，要想使这个数中的各个数字之和是9的倍数，所给出的数中还缺少哪个数字。另外，我们还应该清楚一点：倘若去掉数字0或9，对剩余的数字之和是9的倍数没有任何影响，所以不允许去掉这两个数字。

现在再来看第二种情况，先在我们想出来的数字后添一个0，也就是扩大了10倍，再用所得的结果减去这个数字。也就是相当于把这个数字扩大了9倍，然而加上的数字63也是9的倍数，这对最后的结果是9的倍数也不会产生影响。后面不用说大家也明白了吧。

接下来，我们看看这个除以7、11和13的魔术，表面一看似乎很复杂，事实上特别简单。题目中“在一个三位数后面再添上这个数字”，仔细一想，我们就会发现，其实是把这个数字乘1001。举个例子：

$723723=723000+723=723 \times 1000+723=723 \times 1001$，而$1001=7 \times 11 \times 13$。所以，在我们把最初的数字依次除以7、11和13，即除以1001之后，我们得到的最终结果是最初的那个数字就不足为奇了。

要解开猜总和的那个题目的秘密也不难，前提是大家注意到了这一点：第一次，哥哥写出的最终结果比我写的那个数字大99999，即$167833-67834=99999$，要想加上99999，即$100000-1$一点儿都不难。之后，当哥哥的同学写出39458时，哥哥之前写的那个数与这个数的和等于99999——要做到这一点也很容易，原因是只需用9依次减去其中的每个数字就行了。

第二次，哥哥采用的方法与第一次类似，唯一不同的是，将最后的结果增加了2×99999999，这时只要使各个加数的和包含两个99999999就行了。最后一道题目的解答过程如下所示：

$$28=22+2+2+2$$

$$23=22+\frac{2}{2}$$

$$100=33 \times 3+\frac{3}{3}$$

$$100=111-11$$

$$100=5 \times 5 \times 5-5 \times 5 \text{或} 100=(5+5+5+5) \times 5$$

$$100=99+\frac{9}{9}$$

走失在迷宫

“你是不是看到有趣的故事了？不然为什么捧着书在那儿哈哈大笑呢？”哥哥向我问道。

“《三怪客泛舟记》，杰罗姆写的。真有意思啊！”

“我知道这本书，很不错，你看到什么地方了？”

“一群人在花园里走迷了路，被困在迷宫中无法脱身。”

“你给我念念呗，这是个很有趣的故事。”

我便从头开始给他朗读关于被困在迷宫无法脱身的故事：哈里斯曾经走过一次汉普顿迷宫，然后问我是否去过迷宫。因为他曾经对迷宫的地图有过深入的研究，迷宫构造非常简单，所以哈里斯觉得没必要为了进一次迷宫而白花钱。这次是为了给朋友当向导才要进迷宫的。

他跟朋友说：“假如你真的想进的话，咱们就去。我们只需要10分钟就能把这个迷宫走完，管它叫迷宫真是匪夷所思。在里面一到转弯处往右走就可以。只是那里没有什么有趣的东西。”

他们一进迷宫便碰到好多人。这些人已经在里面转了将近一小时了还是出不去。哈里斯对他们说，他才刚进到迷宫来，只需一圈就可以走出去。假如他们愿意的话，就跟着他一起走；那些人都愿意跟他一起走。

后来他们身边的迷路人越来越多，到最后迷宫里全部的人都跟随哈里斯走。那些甚至担心自己再也走不出迷宫，再也见不到自己的朋友和家人的人，仿佛一见到哈里斯就看到了希望，都对他表示感谢并打起精神加入队伍。哈里斯说，当时最少有20个人，其中有一位在迷宫里转了整整一个上午的抱着孩子的妇女，牢牢抓着哈里斯的胳膊，生怕把自己给丢下了。哈里斯继续向右转，然而路好像越来越长。过了一会儿，哈里斯和朋友说："这个迷宫简直太大了。这是全欧洲最大的一个呢？"

朋友回答："肯定是，咱们走了1000米有余了。"哈里斯仍打起精神往前走着，尽管他也开始觉得有些奇怪了。过了一会儿，人们发现地上有一块小蛋糕。在7分钟以前他曾见到过这块蛋糕，哈里斯的朋友肯定地说。

哈里斯反对道："这，这是不可能的！"然而抱着孩子的妇女很肯定地说："在遇到你之前蛋糕是我亲手扔在这儿的。"她开始怀疑哈里斯就是个骗子，并补充道，她宁可从没有遇到过他。哈里斯简直要被气炸了，他把地图取出来，开始讲述自己的想法。

同队的一人说："看地图有什么用啊，你现在连我们在哪儿都不知道？"

哈里斯说，目前最好的办法就是回到原出发点重新开始走，因为他确实不知道现在身在何处。大家都同意回到原出发点的提议，尽管他们对于他提议的重新开始不感兴趣，但他们还是跟着哈里斯向相反的方向走了。10分钟后，他们发觉竟然又回到了迷宫的中间。

哈里斯无奈之下只能说这是个意外。因为他自己引起了公愤，只好把原本打算哄骗大家说他是故意这样走的想法打消了。

目前大家已经清楚自己所在的位置，于是又着手研究地图。无论说什么，也要朝某个方向走吧。看样子，想走出迷宫也不是很困难，接着大家又开始了第三次出发。

然而过了三分钟，他们还是回到了迷宫的中心。

不管他提议朝什么方向出发，转来转去都是回到迷宫的中心，所以大伙儿都不想再跟哈里斯一起走了。这样的情况一连重复了几次，于是他们中的一些人就干脆在原地不动，直到其他人转一圈又回到原地。哈里斯又取出地图研究，这回再次引起公愤。

大家乱成一团，不得不叫管理员了。终究还是把管理员等来了，他爬上梯子，告诉大家该朝什么方向走。

管理员见大家头昏脑涨的，仍是不明白他的意思，接着又喊道："你们在原地等着，我马上过来！"管理员爬下梯子朝人们走过来，大家集中在原地等待着。

大家看见那时不时在围墙边跑来跑去的年轻人，他也是一个新手，进了迷宫就找不到队伍，最后自己也迷路了。此时他也看见了这群人，并极力朝他们奔去——但是一分钟后，他还是回到了原地，还奇怪地问大家怎么又换了位置。眼下，他们只能等那位年老的管理员来拯救他们了。

"手里有地图还迷路，怎么会这样！他们也太不懂得推测了吧！"我念完故事后不屑地说。

“你认为这迷宫的出路那么容易就能被找到吗？”

“当然了，手里有地图呢！”

哥哥边在自己的书架上翻找着边对我说：“等一下，这个迷宫的平面图我似乎也有一张。”

“这个迷宫现实真有吗？”

“你说汉普顿迷宫？当然！它建成已经有两百年之久了，就坐落在伦敦附近。看！《汉普顿迷宫平面图》（图3–11）终于找到了，这个迷宫占地仅1000平方米。看起来仿佛并不是很大。”

图3–11　汉普顿迷宫平面图

哥哥把书翻到有一张很小的平面图的那一页。

“假如此时你站在迷宫的中间位置，要想走出迷宫，你要怎么走才能出来呢？用一根削尖了的火柴指指看。”

似乎事情比我预料的复杂得多。我大胆地拿着火柴从迷宫中间按迷宫平面图上弯弯曲曲的线条挪动火柴，却和我之前讥讽的那些人一样回到了迷宫的中央！后来又在平面图上绕了几圈，结果还是莫名其妙地回到原地。

“没人能想到迷宫竟如此难以琢磨……然而，单从这平面图来看，这个迷宫很简单呀！”

“如果一旦知道了那个简单的方法，就会很有信心地找到迷宫出口，并且还可以把握十足地到达所有的迷宫。”

“什么简单的方法？”

“只要在进入迷宫后，一直沿着左手边的墙前行，或是沿着右手边的墙朝前走，都可以。”

“这么简单？”

“是的，你不妨用这种方法在平面图上走一走。”

我用火柴棍依照哥哥所说的这种方式出发了。——果然，我很快就从入口途经迷宫中央位置，然后顺利到达出口！

“这个方法真是太厉害了！”

哥哥反驳说：“这可不算厉害，要想走通迷宫里所有的道路，这个办法是行不通的，它只能确保你不会被困在迷宫里。”

“我刚刚明明把全部的小路都走过了，没有落下一条啊。”

“这你就错了，还有一条小路你没有走过。假如用虚线把你经过的道路全部标出来，你就明白了。”

“哪条路？”

“这条就是你没有到过的小路。我用星号在平面图上把它画出来了（图3–12）。用这种方法，在别的迷宫里也能让你闯关成功，然而，你走过的却不是迷宫的每个地方。”

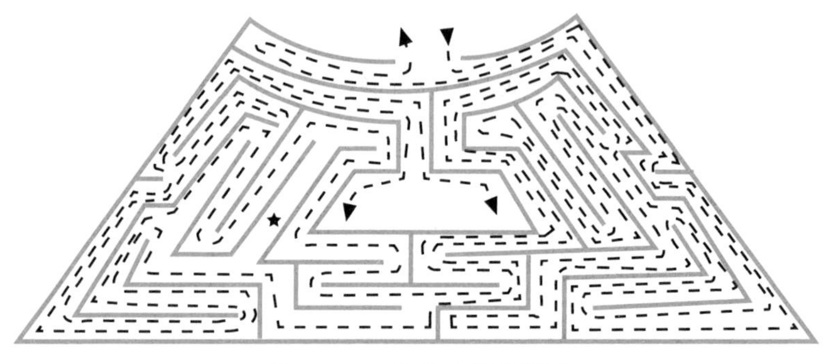

图 3-12 走出迷宫的路线图

“各式各样的迷宫有很多吗？”

“有很多呢。现在的迷宫仅建在花园和公园里：都是露天的，有高高的围墙，人们都有机会在里面游逛；而古代的迷宫都是依托高大的建筑物或者在地下修建的。之所以这样做，是为了把那些进入迷宫的人困住，直到他们被困死在由走廊、过道以及大厅组成的错综复杂的路线中。比方说，在克里特岛上就有一座由古代一位叫作米诺斯的帝王令人建造的神奇的迷宫。迷宫的修建者代达罗斯，就是因为这个迷宫的路线实在是过于复杂了，甚至连自己都没能走出迷宫。这座迷宫在罗马诗人奥维德的笔下是这样的：‘那个时期的建筑天才代达罗斯修建了一栋带有迷宫的房子，房子里的东西并没有什么特别之处，而里面的迷宫却被围墙和屋顶封得格外严密。那些善于追根究底的人甚至也被里面一条条向不同方向伸展的弯弯曲曲、长长的走廊弄得眼花缭乱。’诗人接着补充说：‘代达罗斯本人也经常很难找到出口，就是他在这座建筑物里修建了数不清的道路所致。’”

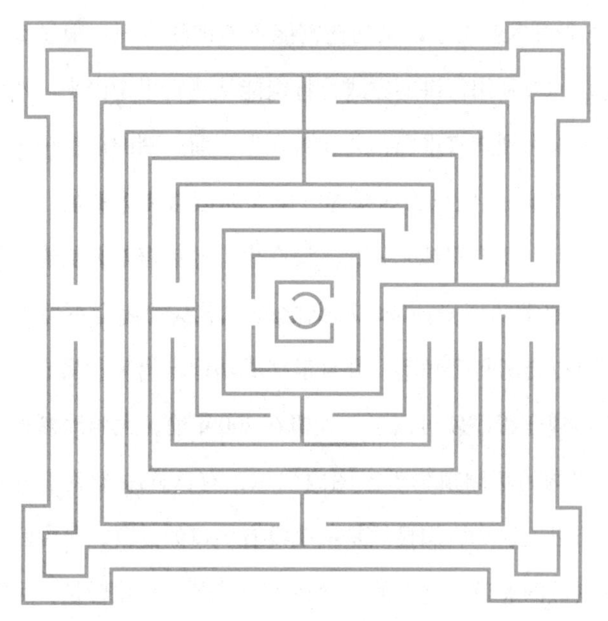

图 3-13　古代花园迷宫之一

哥哥接着说道："古代其他的迷宫中央是帝王的陵墓（图3-13），那些贪婪的盗墓者哪怕是找到了陵墓里的宝藏也无法走出去，如此一来，这里也就成为盗墓者的坟墓了。所以，那时的迷宫是对帝王的陵墓起保护作用的。"

"他们走迷宫怎么不用你对我说的那种方法呢？"

"很明显，这种方法在古时候根本没有人知晓，这是其一；其二，想走完迷宫的每个角落，这种方法根本做不到，这一点我已经跟你说过了。他们完全可以以此建造迷宫：利用此方法正好能避开宝藏的位置。"

“一个根本就走不出来的迷宫能不能被建成呢？很显然，如果进入迷宫的人利用你讲的方式，肯定能从迷宫里走出来。然而，假如把一个人引到迷宫里面，并让其在里面溜一圈的话？……”

“在古代，人们以为如果迷宫里面的道路错综复杂，就不会有人找到出口；而事实却非如此。没有出口的迷宫是无法建成的，这完全能用数学知识来证明。除此之外，所有的迷宫不但能找到出口，还可以走遍每个角落，并且最终成功地走出来。只要非常谨慎地严格地遵守程序就可以了。大概在200年前，大胆地参观了克里特岛上岩洞的法国植物学家图内福尔，有这样一个关于岩洞的传说：之所以说这个岩洞显然是一个没有出口的迷宫，是因为岩洞中有不计其数的通道。这样的岩洞在克里特岛上比比皆是，可能它们就是引起有关米诺斯迷宫的传说的原因吧。法国的这位植物学家如果不想迷路的话，该如何行动呢？数学家卢卡斯（他的兄弟）对这一点进行了描述。”

哥哥从书架上拿起一本名为《趣味数学》（卢卡斯著）的旧书，声音洪亮地朗读着下面的片段：

经过和同行的一些人沿着许许多多的地下走廊遛了一段时间以后，我们来到一条又长又宽的道路上，我们到了一条通向迷宫深处一个大厅的道路上，这条路又宽又长。我们一直沿着这条道路总共走了1460步，用了半个小时之久。假如稍不小心的话，一定会迷路，因为这条道路两侧有很多的走廊。我们之所以非常注意往返的路，是因为非常想从这个迷宫走出去。

我们所做的第一件事就是嘱咐留在岩洞口的那个向导，假如傍晚以前我们没有赶回来，他就立刻叫上旁边村子的人去营救我们；第二，我们所有人都准备了火把；第三，我们把有编号的纸条都贴在比较隐蔽的转弯的地方，因为这些地方很容易被忽视掉；最后，我们的一个向导把提前预备好的小捆的树枝沿着道路统一留在左边，而另一个向导则在路上撒下了他随身携带的剁碎的麦秸。

哥哥念完后讲道："这是不是过于小心了，不需要像你说的那样吧。可是在图内福尔时代，关于迷宫的问题还没有得到解决，也没有别的好办法能用了。尽管我们探究出来的行走迷宫的方法和法国植物学家的方法同样可靠，但却比他简便得多。"

"这些方法你都知道吗？"

"其实这些方法很简单。首先，当进入迷宫以后，假如行到交叉路口处，那就朝着中间任意一条道路直走，在所有将要行进的道路或已经途经的路上全部用小石子标记好。假如走进了死胡同，就原路返回，并将两颗小石子放在死胡同的出口处，表示我们是第二次走这条路了。在没有遇到以上两种情况下就沿着路一直朝前走。其次，假如行走到此前来过的交叉路口（这个看路上的石子就知道了），并且是在其中未走过的一条路上，将两颗小石子放在这条道路的尽头，便立即往回返。最后，假如你第二次走到之前走过的交叉路口的道路上，就沿着之前没有走过的那条道路直走，同时拿一颗石子做好标记。假如每条路均已走过，那么就朝着只用一颗石子做标记的道路（即只经过一次的道路）走。只要严格按以上三个原则做，不但能顺利走出迷宫，还能将迷宫的角落一个不落地走个来回。”

名师点评

本章中的第二个故事《硬币的戏法》，其实就是我们熟知的九宫格数字游戏。它起源于河图洛书，河图上排列成数阵的黑点和白点，蕴藏着无穷的奥秘；洛书上的图案正好对应着从1到9九个数字，并且无论是纵向、横向、斜向、三条线上的三个数字其和皆等于15，当时人们并不知道，这就是现代数学中的三阶幻方，他们把这个神秘的数字排列称为九宫格。对此，中外学者作了长期的探索研究，认为这是中国先民心灵思维的结晶，是中国古代文明的第一个里程碑。

“重排九宫”有两种玩法，第一种是在3×3方格盘上，把8个小木块随意摆放，每一空格其周围的数字可移至空格。玩者要将小木块按1、2、3、4、5、6、7、8的顺序重新排好，以最少的移动次数拼出结果者为胜；第二种玩法如九宫格算术游戏玩法，推动木格中8个数字排列，横、竖都有3个格，使每行、每列两个对角线上的三数之和等于15。在计算的同时，还必须思考怎么把数字方块推动到相对应的位置上。这个游戏不仅仅考验人的数字推理能力，也考验人的思维逻辑能力。

本章的第三个故事《早餐猜谜》，则分别通过硬币的直径与周长、西瓜和鸡蛋的大小、城市里人们的头发数量，形象地阐述了圆周率问题（硬币的周长、直径）、数值问题以及估算问题。接下来，分布在河岸的两个城市的渡轮问题中，则涉及另一个基本的数学问题——行程问题，行程问题有相遇问题、追及问题等近十种，是问题类型较多的题型之一，本章讲的是其中一个——流水行船问题。而猜数字的问题中则给大家展示了倍数的魅力，9的倍数的特征：整数各个位数字之和是9的倍数。每个位置的数相加之和能整除9，就是9的倍数。7的倍数特征：整数末三位与前几位的差是7的倍数。11的倍数特征：整数末三位与前几位的差是11的倍数。整数奇数位数字之和与偶数位数字之和的差是11的倍数。13的倍数特征：若去掉整数的个位数字，再从余下的数中，加上个位数的4倍，如果和是13的倍数，则原数能被13整除。如果和太大或心算不易算出是否为13的倍数，就需要继续上述“截尾、倍大、相加、验和”的过程，直到能清晰地判断为止。

第四章 想想看

地球永不停息地自西向东公转是我们都知道的规律。那么，我们能不能巧妙地运用这个规律，来完成一次既方便又低成本的神奇的东方之旅呢？比如，我们可不可以先坐一个气球到空中，等目的地被自转的地球送到底下时，也就是我们所坐的气球刚好在目的地上面的时候，再从空中降落下去。

等马车[1]

【题】三个兄弟看完剧后回家。他们在有轨马车的铁轨旁等马车，准备第一节车厢一到站就跳进去（跳进有轨马车比跳进有轨电车要容易得多）。

他们等了很久，马车始终没有出现，大哥建议大家继续等。

老二说："可是，我们何必站着等呢。我们完全可以先向前走一段路，当马车赶上我们的时候，我们就立刻跳进去。这样的话，因为在马车赶上我们的时候，我们已经离家更近了，也就是说，我们可以更早回到家了。"

老三对此进行了反驳："如果我们要走，那我们应该是向后走，

[1] 原文指的是有轨马车，也就是一种比有轨电车更早出现的市内交通工具。——译者注

而不是向前走，向后走我们可以碰到迎面而来的马车，可以更早地跳进去，也就可以更快地回到家里了。”

三兄弟各执己见，谁都没有说服另外两个人。最后，他们按自己的想法单独行动：大哥站在原地不动；老二往家的方向走；老三往家的反方向走。

那么，他们谁会最早回到家呢？他们谁是最聪明的呢？

【解】往家的反方向走的老三很快就碰到了迎面而来的马车，并立刻跳了进去。接着，马车来到了大哥等车的地方，大哥也跳了进去。过了一会儿，当马车赶上往家的方向走的老二的时候，老二也跳进了车厢。因为三兄弟都在同一个车厢里面，所以，他们一起回到了家。

但是，因为大哥是在原地等的，而不像两个兄弟一样走了冤枉路，所以他是最聪明的。

谁数得更多？

【题】两个人在人行道上，数数一小时内在他们身边有多少路人经过。其中一个人站在一栋房子前面不动，而另一个人则在人行道上不停地来回走动。请问，谁数到的路人会更多？

【解】两个人数到的路人一样多。因为站在大门口的人能看到往两个方向走的路人；而来回走动的那人却能看到多一倍的路人。

气球会掉在哪里？

【题】地球永不停息地自西向东公转是我们都知道的规律。那么，我们能不能巧妙地运用这个规律，来完成一次既方便又低成本的神奇的东方之旅呢？比如，我们可不可以先坐一个气球到空中，等目的地被自转的地球送到底下时，也就是我们所坐的气球刚好在目的地上面的时候，再从空中降落下去。如果可以的话，我们不但可以不用从原地离开，还能够随心所欲地去东方旅行。只要我们没有错过气球降落的时间。因为，如果我们一旦错过了目的地，那么目的地就会随着地球自转迅速向西离我们而去，这样的话，我们必须再等一整天，才能看到那个地方再次出现。这种神奇的旅行方式，为什么不可以呢？

【解】我们不可能实现上面所说的旅行。地球上的大气一直跟着地球一起不断地转动，而不是只有地球在自转。这也就导致了我们所乘坐的气球跟着地球一起转动起来了。换句话说，我们所乘坐的气球并不会一直在原地停留。就算空气是不存在的，那么，在地面的上空，所有被向上抛起的东西都会飘浮在那儿。这也就导致了气球会掉落在原地，不管它飘浮在空中的时间有多长。

有没有这样的情况？

【题】地球上有没有一月份是炎热的，而七月份是寒冷的地方呢？

【解】在赤道另一侧的南半球的一月就是炎热的，七月就是寒冷的。那里的气候与北半球刚好相反，我们这里是冬天，那儿就是夏天；当我们这里是夏天的时候，那儿就是冬天。

一共下了多少局象棋？

【题】3个人一共下了3局象棋，那么，他们每个人各自下了几局？

【解】一般情况下，人们会不假思索地回答，他们每个人都下了一局象棋。但是，说出这个答案的人却忽略了一点：下完了第一局象棋后，他们两个人中必有一人要下第二局象棋。这样的话，正确答案应该是每个人都下了两局象棋，而不可能只是一局。

第五章

富有创意的图画

这些物品，我们在日常生活中经常都会用到，但是，我们在图中看到的是这些物品的侧面。从上到下，分别是裁缝用的剪刀、老虎钳和折叠起来的剃刀；而最下面那排，最左边的是草叉、中间的是怀表，最右边的是汤勺。

现在，相信大家在知道了这些图形画的是什么东西以后，也就不会像一开始一样觉得它们有什么不寻常之处了吧。

哪幅图更长？哪幅图更宽？

【题】比一比，下面两幅图（图5–1），更长的是哪幅？更宽的是哪幅？注意，是用目测，而不是用尺子测量来回答问题。

【解】如果只是目测的话，一般人都会认为左边的那幅图更宽、更长。但是如果我们拿起纸片检测，就能很清楚地看到：我们被眼睛欺骗了——两幅图是一样长且一样宽的。这个例子告诉我们，什么是视觉欺骗。

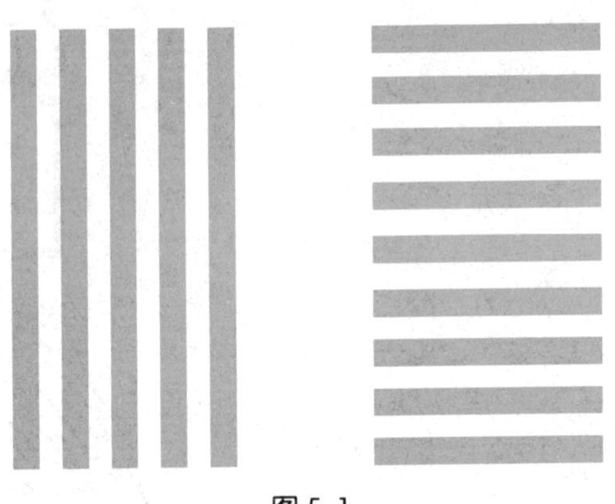

图 5–1

长出多少？

【题】请在认真看下图后，用目测的方式比较一下3个人影的长度，然后回答问题：A的影子和B、C两个人的相比，长了多少？

A
B
C

【解】目测比较后，再找一把尺子来测量他们的影子的长度。结果肯定让你大吃一惊：3个人的影子的长度是一样的！这其实就是一幅视力幻觉图。

图上画的是什么？

【题】请尝试告诉我们，你从图5-2里看到了什么？

要猜出是什么并没那么简单，即使它们都是以实物为原型画的。

因为这些物品被我们做了和寻常不同的转动，以至于猜测的难度被大大增加了。不过，大家还是可以尝试着猜一猜它们都是什么。

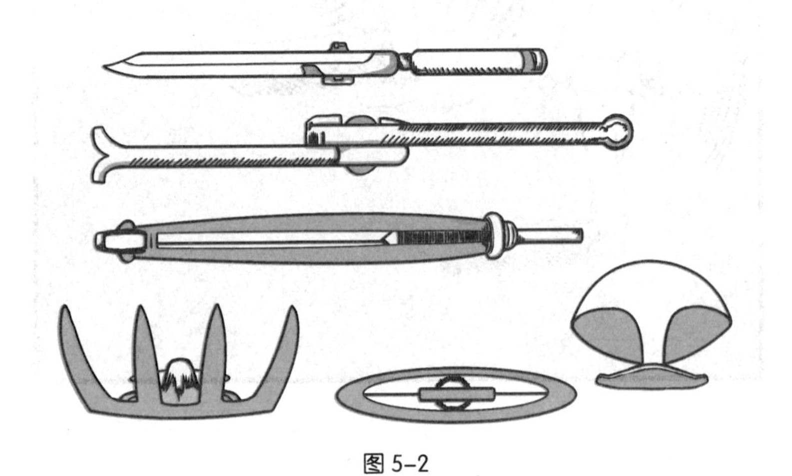

图5-2

还有一点我要提醒大家，其实，图形里的都是日常生活中常见的物品。

【解】虽然我们在日常生活中经常都会用到这些物品，但是，我们在图中看到的只是这些物品的侧面，它们的辨识度不高。从上到下，分别是裁缝用的剪刀、老虎钳和折叠起来的剃刀；而最下面那排中，左边的是草叉，中间的是怀表，右边的是汤勺。

现在，相信大家在知道了这些图形是什么东西以后，也就不会像一开始一样觉得它们有什么不寻常之处了吧。

这可能吗？

【题】展示在大家面前的是一幅美丽的海景夜色图（图5–3）。但是，画家所画的月牙图却令人不解：月牙像是一条浮在水面上的小船，而不是和往常一样挂在夜空中。这是怎么回事呢？难道是这位画家画错了吗？

【解】其实画家并没有画错。画家给我们展示的是他在赤道所看到的新月落山的美景。图中所描述的场景是对这个地区月亮落山的真实展示。另外，在高加索地区看过新月的人会发现，高加索地区的新月倾斜的角度和我们北方地区是完全不同的。换句话说，并不是画家错了，错的是我们，画家完全是把他所见的真实的情况向我们展示出来。

图 5-3

看似简单

图 5-4

【题】首先，请大家认真看图 5-4 中的图案，并努力把它记住。然后，请大家把这幅图画出来，要注意的是，只能凭借你的记忆。

【解】各条曲线相交的那个点，通过图可以很直观地看出来。也许，大家可以胸有成竹地画出第一条曲线。好的！那么就请大家把第二条曲线画出来吧。错了，完全不是这样的啊！为什么怎么也画不出来？为什么画出来的线条看起来是那么倔强……这件事表面上看起来好简单，但实际上怎么会那么困难！

你能做到吗?

【题】你能不能只用一笔，画出一个两条对角线相交的正方形（图5–5）呢?

图5–5

【解】事实上，我可以告诉你，不管你从哪个地方开始画，或者说你先画哪条线，你都不可能做到。

但是，如果让你画一幅稍微复杂一点儿的图（图5–6），你却能轻而易举地做到。大家不妨试一下，你会发现一开始根本不可能解决的问题，现在却变得相当简单。

如图5–7所示，如果把两条弧线加在这幅图的侧面，问题又和一开始那样无解了。也就是说，不管怎么下笔，如果只用一笔，你是怎么也不可能把整个图形画出来的。

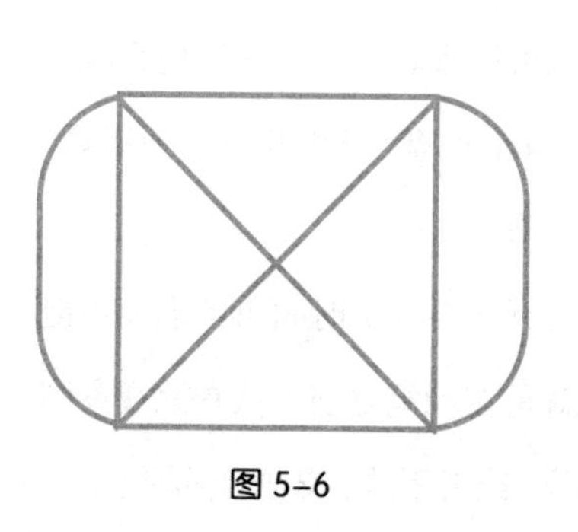

图5–6

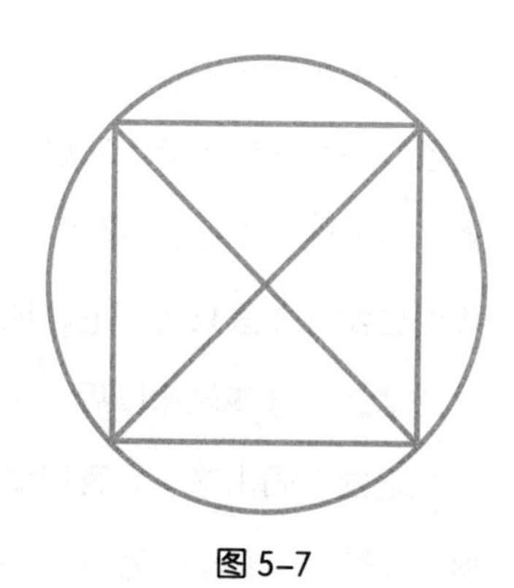

图5–7

那么，这个问题的奥秘是什么呢？我们能不能在动手前就确定到底可不可以只用一笔就把整个图形画出来呢？

其实，只要大家稍加思考，就能够看出端倪。大家再仔细看看刚刚那些图形，看的时候尤其要注意观察那些相交的点，你就会发现规律——能够一笔画出的图形的每个交点的特征是：这个交点不仅仅是一条线的终点，同时也是另一条线的起点。换句话说，在交点处，笔端会发生转折。由此，我们可以得出结论：所有的相交点的线条数目应该是偶数，比如2，4，6。不过，既是终点也是起点的点比较特殊，原因在于它们相交的线条可以为奇数。当然，这不过是个例外。

所以，我们可以得出这样的结论：如果一个图形可以用一笔画出来，那么这个图形除不超过两个顶点是由奇数条数的线条相交而成外，其余的所有顶点，相交的线条数目都必须是偶数。

接下来，我们回顾一下刚刚那几个图吧。在图5-6所示的图中，因为正方形的四个角是由3条线相交的，这就是说，我们没办法一笔画出这个图形。在如图5-6所示的图中，每个顶点都是由偶数条线条相交而成的，所以说，我们可以很轻松就用一笔把它画出来。在如图5-7所示的图中，其中的4个点有5条线相交，所以说，我们也没有办法只用一笔就把它画出来。

掌握了这些规律以后，我们就没有必要浪费时间再考虑能不能一笔把图形画出来了。我们要做的就是在动笔之前，认真地观察图形，并确定我们能一笔画出哪些图形，或者不能一笔画出哪些图形。

上面所说的规律，大家是不是正确掌握了呢？接下来，请再仔细看看图5-8，并判断这个图形能不能一笔画出吧。

很显然，因为图中所有的交点都只有4条线。换句话说，有偶数条线条在交点处相交，所以我们可以一笔把这个图形画出来。画图顺序在图5-9中标出来了，大家可以试一试。

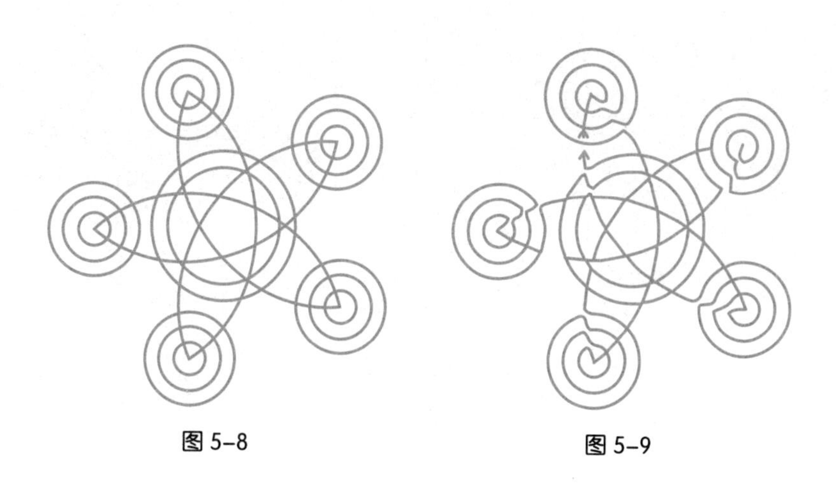

图 5-8　　图 5-9

第六章 排列与剪纸

有一个人有7个朋友。第1个朋友每天晚上都会看望他，第2个朋友每隔一天晚上看望他，第3个朋友每隔两天晚上看望他，第4个朋友则每隔3天晚上来看望他。依此类推，第7个朋友是每隔6天晚上来看望他。

这7个朋友需要多长时间才能同时和主人聚在一起，这样的事会经常发生吗？

使用 3 个图形拼图

【题】如图6–1、图6–2所示，怎样把图中的图形拼成一个“十”字形的图？

先在一张纸上画出它们，然后用剪刀把各图形剪下来，再试着寻找解决方法。

【解】如图6–3所示，图中展示的就是组合后的图形。

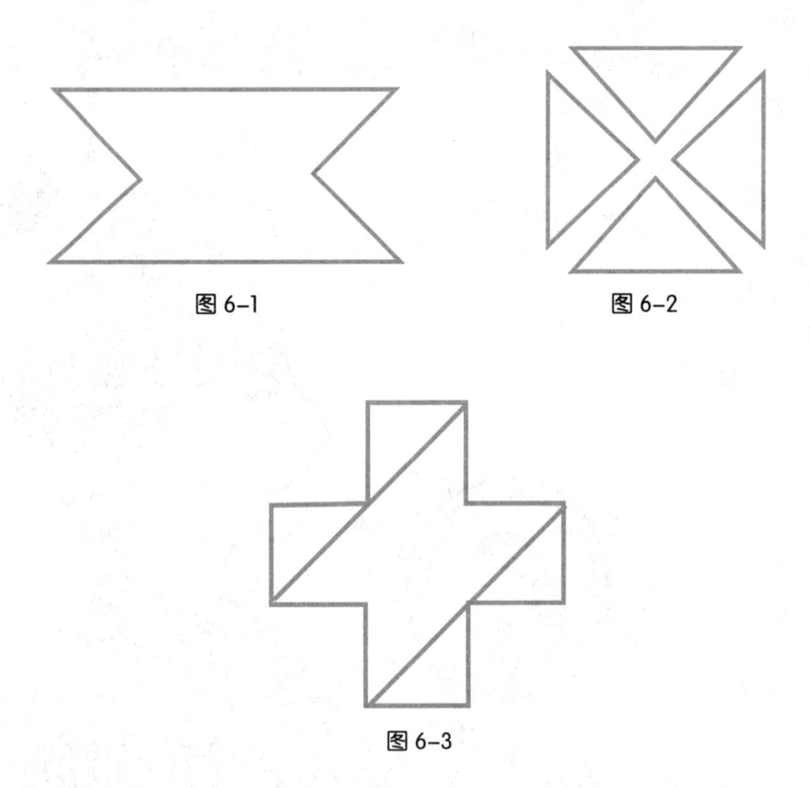

图 6–1

图 6–2

图 6–3

使用另外 2 个图形拼图

【题】请试着把图 6–4 中的图形拼成一个正方形。

【解】如图 6–5 所示，图中正方形即我们需要的。

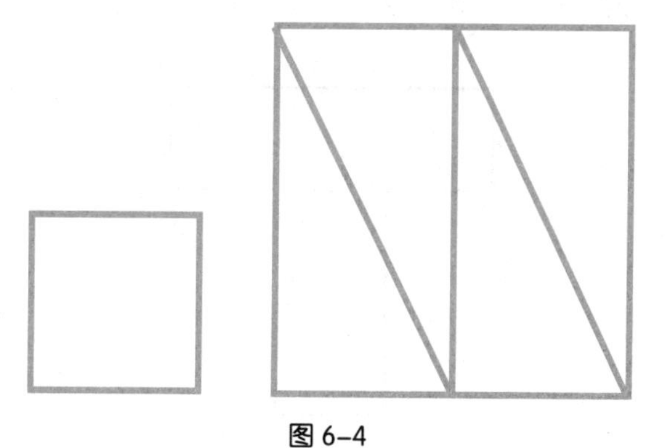

图 6–4

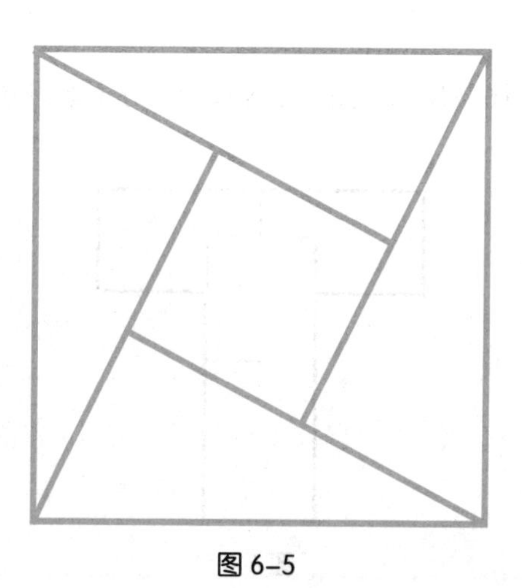

图 6–5

将土地划分成四等份

【题】如图6–6所示，这块土地由5个同样大小的正方形组成。我们能否把它分成大小相等的四份？

我们先在一张纸上画出这个图形，再找方法来解决。

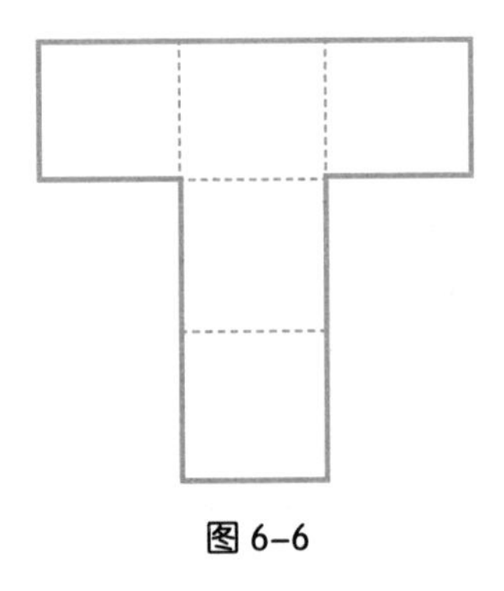

图 6–6

【解】如图6–7所示，图中用虚线把划分土地的方法标了出来。

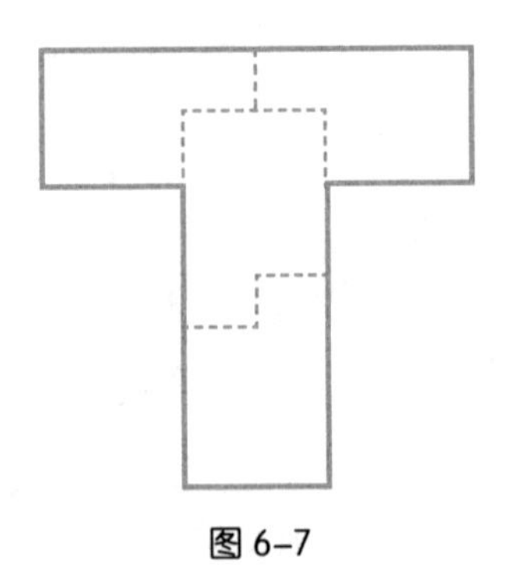

图 6–7

镰刀与锤子

【题】你们听说过“七巧板”吗？它是一种比象棋还要古老的中国游戏：这种游戏大概在几千年前产生。游戏的关键点是，人们先把一个正方形（木质或者纸质）分成如图所示的7个部分（图6–8），然后把它们拼接组合成各种不同的图形。这可没有想象中的那样容易。如果先把这7块“板”打乱，再让某个人将它们组成一个正方形，在没有完整的图形可以参照的情况下，可不是马上就能做到的。

图 6–8

这道题目留给大家：首先把正方形划分成的7部分组合出一把镰刀，接下来再拼一把锤子（图6–9）。我们需要留心的是，这7部分既不可以相互重叠，又必须全部用在所拼图形上。

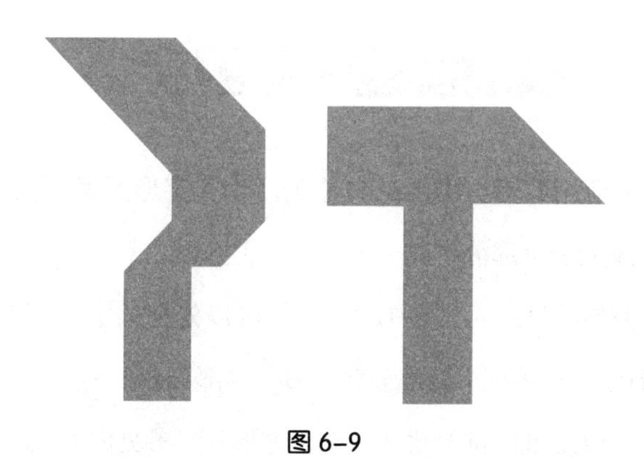

图 6–9

【解】如图所示（图6–10），我们可以清楚地在图中看出这道题的解决方法。要注意，只需稍微发挥一下我们的想象力，就可以用“七巧板”拼出很多不同的图形。如各种野兽、不同姿势的人，还有各类建筑，等等。

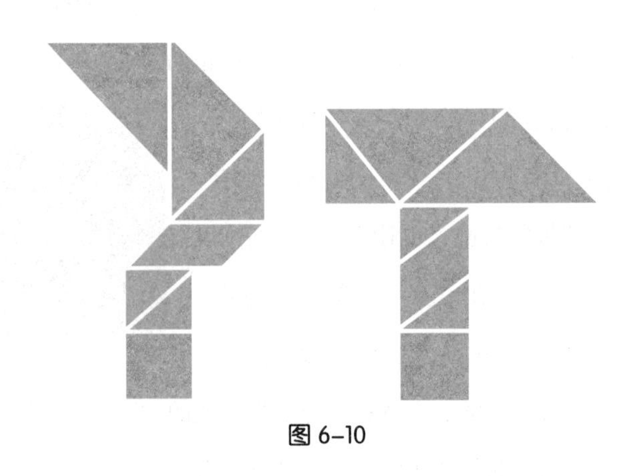

图6–10

两次剪出一个正方形

【题】请用剪刀剪出图6–11中的“十”字形图案，把它剪成4部分，接着把这4部分拼成一个完整的正方形。

【解】如图所示（图6–12）。我们可以先把“十”字形的图案剪成两部分，再用剩下的部分剪出另外两部分。

怎么把剪出的4部分拼成一个正方形呢？参见图6–13。

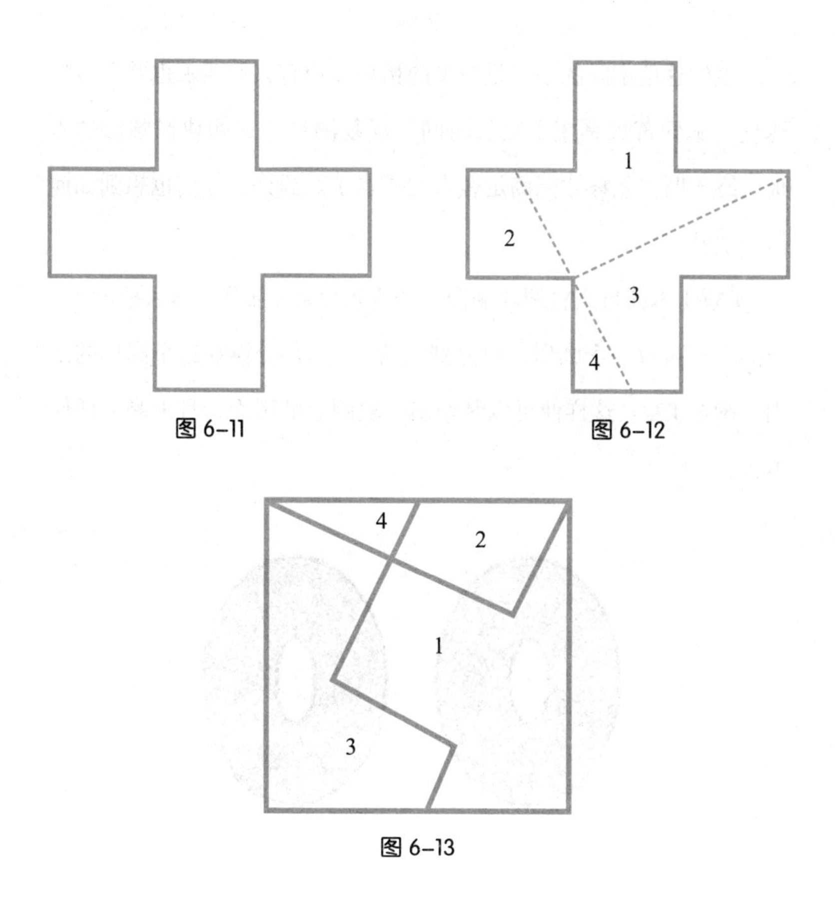

图 6-11　图 6-12

图 6-13

制作一块圆形的桌面

【题】有人送给木匠两块珍贵的木板，它们是椭圆形的（图6-14）。他请木匠把这两块木板制成一块圆形的桌面，并且要求不能剩下任何木块。我们从图中可以看出，两块木板都是中空的。

虽然这位木匠的手艺是少见的精巧，但客人的要求也并不容易达到。木匠苦思冥想了很长时间，反复测量了这两块椭圆形的木板，终于明白怎样才能满足客人的要求了。或许，你们也想到如何做了吧？

【解】木匠首先将两块椭圆形的木板分成4部分，然后把4块较小的木板拼成一个圆形，再分别把较大的4部分镶在这个圆形的四周（图6–15）。这样便可以制作出一块圆形的桌面，且未剩下任何木板。

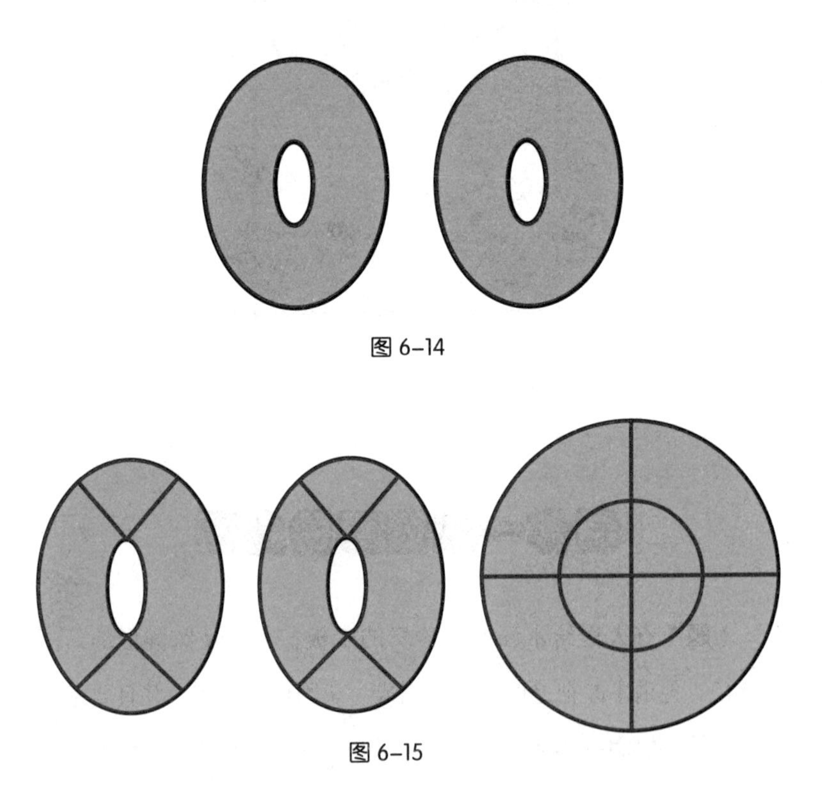

图 6–14

图 6–15

3座岛屿

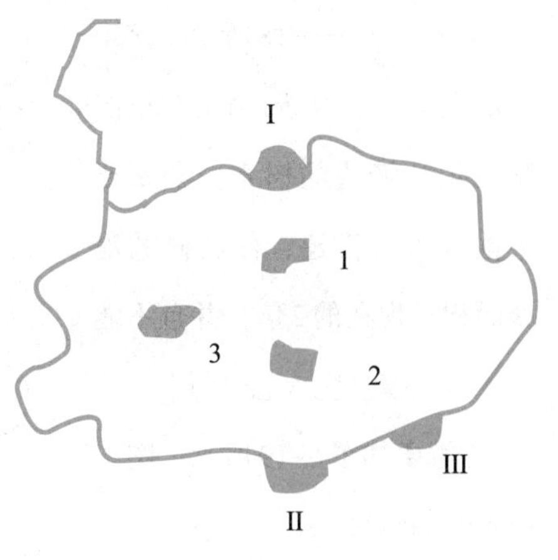

图6-16

【题】在湖中有3座小岛，我们用数字1、2、3标识（图6-16）。湖边有3个渔村：Ⅰ、Ⅱ、Ⅲ。现在有一艘小船从Ⅰ村出发，首先到达岛屿1和2，然后再前往村庄Ⅱ。同一时刻，另一艘小船从村庄Ⅲ出发，向岛屿3前进。要注意的是，两艘船的行进路线不可以交叉。

你能在图中画出这两只小船的路线吗？

【解】如图6-17所示，标出的虚线便是两只船的行进路线。

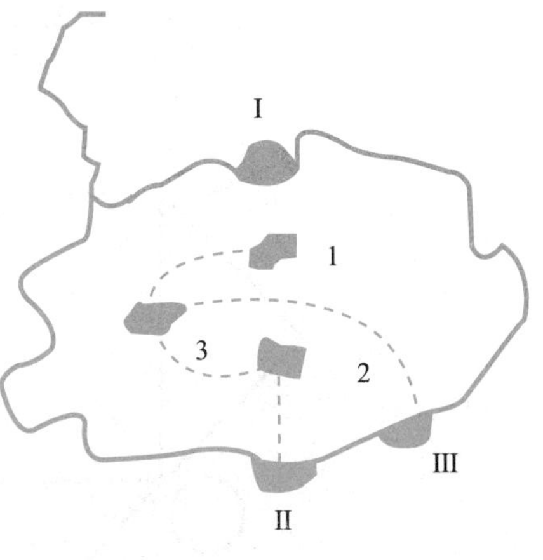

图6-17

不能砍树

【题】如图6–18所示，该正方形表示一个池塘，4个圆形图案表示池塘边的树木。如果要对池塘进行扩建，使新修的池塘面积是现在的2倍，并且不能把树木砍掉。应该怎么做呢？

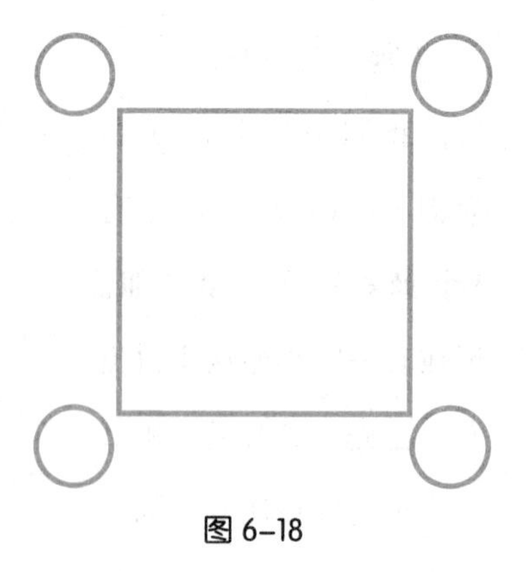

图 6–18

【解】如图6–19所示，图中即新修的池塘。

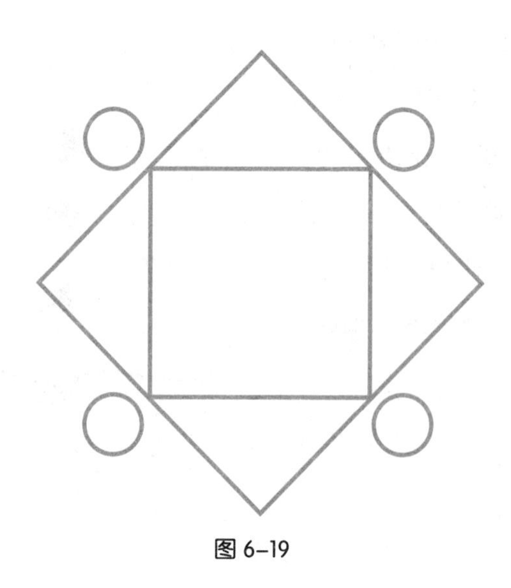

图 6–19

9个0

【题】把9个0以图中的方式排列（图6–20）。现在要用4条直线将9个0全部划掉。你可以做到吗？

为了便于大家解答，我需要补充一下，可以用一笔画掉9个0。

【解】图6–21即题目的解答方法。

0	0	0
0	0	0
0	0	0

图6–20

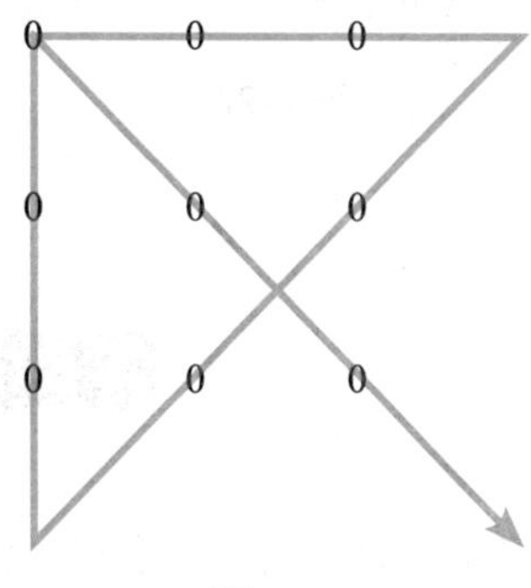

图6–21

36个0

【题】如图6–22所示，在方格中共有36个0。

如果要把其中的12个0划掉，并且使得每横排和纵列剩下的0的数量一致。应该划掉的是哪些0？

【解】因为要在36个0中划掉12个，剩下的是24个，所以每列中应该剩下4个0。解答方法如图6–23所示。

0	0	0	0	0	0
0	0	0	0	0	0
0	0	0	0	0	0
0	0	0	0	0	0
0	0	0	0	0	0
0	0	0	0	0	0

图6–22

	0	0	0	0	
0	0			0	0
0		0		0	0
0			0	0	0
0	0	0	0		
	0	0	0		0

图6–23

蜘蛛和甲虫

【题】现在有一个盒子，里面装了一些甲虫和蜘蛛，总共有8只昆虫。经计算得出，所有昆虫的脚共有54只。

你能说出盒子里有多少只蜘蛛和多少只甲虫吗？

【解】要解决这个问题，首先我们需要了解一点儿自然知识，知道甲虫和蜘蛛各有多少只脚——甲虫有6只脚，蜘蛛有8只脚。

假设盒子里的8只昆虫都是甲虫，则一共有$6 \times 8=48$只脚，比实际盒子里的少6只。我们试着把一只甲虫换成一只蜘蛛，这样就会再多两只脚，因为蜘蛛有8只脚，比甲虫多两只。

如果我们进行三次替换，就能得到54只脚了。这时，盒子里只剩下5只甲虫，其余的都被换成了蜘蛛。因此，盒子里的昆虫分别为5只甲虫、3只蜘蛛。

现在进行检验，5只甲虫的脚的数目之和为30，3只蜘蛛的脚的数目之和为24，一共30+24=54，这和题目中所给的条件一致。

当然也可以采用另一种方法来解决。现在假设盒子里的8只昆虫全是蜘蛛。这种条件下，盒子里一共有8×8=64只脚，比题目中多10只。如果用一只甲虫替换一只蜘蛛，脚的总数就会减少两只。替换五次后，便能把脚的总数减少到54。也就意味着，8只蜘蛛里留下了3只，其余5只都被替换为甲虫。

7个朋友

【题】有一个人有7个朋友。第1个朋友每天晚上都会看望他，第2个朋友每隔一天晚上看望他，第3个朋友每隔两天晚上看望他，第4个朋友则每隔3天晚上来看望他。依此类推，第7个朋友是每隔6天晚上来看望他。

这7个朋友需要多长时间才能同时和主人聚在一起，这样的事会经常发生吗?

【解】不难得出，7个朋友聚到一起需要的时间，必须可以同时整除1、2、3、4、5、6和7。这样的数中，最小的是420。

所以，至少需要420天才可能让所有的朋友聚在一起。

7个朋友干杯

【题】 如果在7人都来了的那天晚上，主人请他们喝葡萄酒，并且所有人都会相互碰杯。那么，杯子一共会相互碰撞多少次？

【解】 每个人都会和其他7个人（主人和另外6个朋友）碰杯致意：按照两人碰杯一次计算，则一共碰了7×8=56次。但是这样算的话，每次碰杯都会被重复算了一次。比如，第2位客人和第6位客人碰杯后，会再计算1次第6位客人和第2位客人的碰杯。所以，酒杯一共相互碰撞了$\frac{56}{2}$=28次。

6根火柴

下面是一道关于火柴的古老题目，这道题很有趣，应该让每位对益智游戏感兴趣的人尝试一下。

题目有趣的地方就在于，它似乎是不可解答的。

【题】 用6根火柴拼出4个等边三角形。当然，不可以把火柴折断。

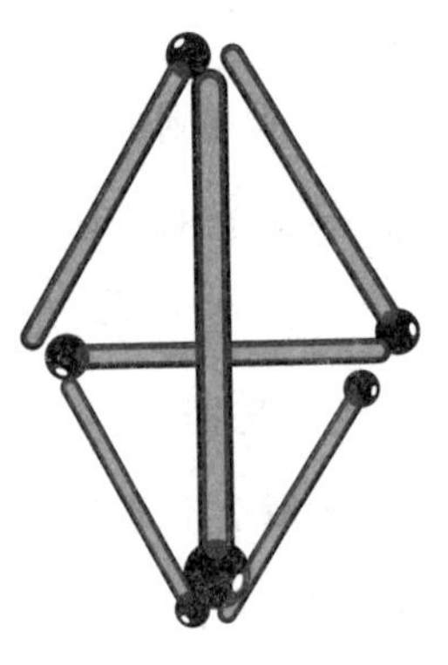
图6-24

【解】 大家或许尝试了在平面上拼出

一个由4个三角形构成的图形。当然是不可能实现的，因为这样不可能解出这道题。但没有限制大家建立一个空间图形。如图所示（图6–24），只要用6根火柴构建一个锥体即可。这样就可以拼出4个等边三角形。

【题】我们同样可以使用火柴解决下面这道题目。假设用火柴头朝上的火柴表示爸爸，火柴头朝下的表示妈妈，两根半截的火柴表示两个小男孩。一条河的两岸用两排火柴表示，河上的一艘小船用火柴盒表示。

爸爸、妈妈和两个儿子来到河边，他们想到河的对岸去。有一艘小船在岸边，可是这艘船太小了，一次只能允许一个成年人或者两个小孩乘坐。

但是最后这家人顺利过了河。你能想到他们是怎么做的吗？

【解】总共需要9次，以下面的方式才能让4个人全部到达河对岸：

河对岸	回到岸边
①两个小男孩	②一个小男孩
③妈妈	④另一个小男孩
⑤两个小男孩	⑥一个小男孩

⑦爸爸 ⑧另一个小男孩

⑨两个小男孩

我们可以自行使用火柴清楚地表示这家人过河的情形。

【题】有一种虫会啃噬书本，它们会把纸一页一页地咬穿，咬出一条穿透整本书的道路。现在有一条“书虫”咬出了一条这样的路：从第一本书的第一页到第二本书的最后一页。如图6–25所示，这两本书是放在一起的。

图6–25

假如每本书都有800页，那么这条虫一共咬穿了多少页？这道题看起来不难，但也不像我们想象中的那么容易。

【解】通常情况下人们都会回答，这条虫总共咬穿了800+800=1600页，再加上两本书的封面。可是事实并非如此。如果我们将两本书放在一起（书脊正对着我们）：把第一本放在左边，第二本放在右边，使得第一本书的首页贴着第二本书的最后一页。这样我们就可以看到，从第一本书的第一页到第二本书最后一页总共有多少页。我们发现，两本书之间除了两页封面之外一页书都没有。

这就意味着，“书虫”只需要咬穿两本书的封面，并没有咬穿书页。

名师点评

数学是一种世界共通的语言，本章中的两个小故事《使用5个图形拼图》《蜘蛛和甲虫》都能找到我国相应的数学故事。《使用5个图形拼图》简单来讲就是中国古老的智力玩具——七巧板。它不仅仅可以锻炼我们的图形分割和合成的能力，在理解直角、引入单位测量的概念、倍数，以及各块积木面积的数量关系等方面，都可以作为很好的教具；而《蜘蛛和甲虫》则和我们古老的数学问题“鸡兔同笼”有着一样的代数原理，这一问题的本质是一种二元方程。通过这类问题，我们可以初步地理解未知数和方程等概念，并锻炼从应用问题中抽象出数的能力。

在《7个朋友》这个故事中，我们了解到了最小公倍数的知识。公倍数指在两个或两个以上的自然数中，如果它们有相同的倍数，这些倍数就是它们的公倍数，其中除0以外最小的公倍数，叫作这几个数的最小公倍数。最小公倍数可以通过因式分解法和公式法求出。

紧接着的《7个朋友干杯》，则又回到了第四章《一共下了多少局象棋？》的组合问题上了。下一个故事《过河》同样是排列组合的问题，甚至还涉及更深层次的运筹学中的线性规划问题。

第七章 有趣的数字

也许你并不是非常清楚地记得乘法口诀，甚至于对与 9 有关的乘法，你都没有办法流利地背出来。这样的话，你可以考虑向你的手指寻求帮助。把你的双手放到桌子上，此时，你的 10 个手指头变成了你的计算器。

简单的乘法

也许你并不是非常清楚地记得乘法口诀，甚至对于与9有关的乘法，你都没有办法流利地背出来。这样的话，你可以考虑向你的手指寻求帮助。把你的双手放到桌子上，此时，你的10个手指头变成了你的计算器。比如让你计算4×9。你的第四根手指可以告诉你答案：有3个手指头在这个手指头的左边，6个手指头在右边，这样的话，合起来就是36，即4×9=36。

让我们再试一试吧。

比如7×9=？有6个手指头在第七根手指的左边，3个在右边，所以，结果为63。

9×9=？ 8个手指头在第九个手指头的左边，1个在右边，那么答案就是81。

有了这个活生生的计算器，我们就可以把乘法口诀牢牢记住了，也不再会犹豫6×9的结果是54，还是56了。因为有5个手指头在第六个手指头的左边，4个在右边，那么结果就是54。

这是哪一年？

【题】20世纪里有没有具有这个特征的年份：这个年份在经过了垂直翻转之后，按照从右往左的方式来读，结果还是一样？

【解】在20世纪里面符合这个条件的只有1961年。

照镜子

【题】能不能在19世纪找到一个具有这个特征的年份：让这个年份照镜子，镜子里的结果刚好是它本身的4.5倍呢？

【解】我们知道，只有1、0和8对着镜子是不会发生任何变化的。换句话说，我们需要寻找的年份只能由这些数字组成。另外，题目中还要求我们在19世纪里面找年份，所以我们可以确定1和8是这一年的前两个数字。至于说这是哪个年份，现在就变得很简单了：1818照了镜子就变成了8181年，而1818的4.5倍正好就是8181：$1818 \times 4.5=8181$。

大家可以思考一下，还有没有其他方法可以解答这道题呢？

应该是哪些数？

【题】我们可以用哪两个整数相乘，使得结果为7呢？

注意了，题目中要求的是整数，所以$3\frac{1}{2} \times 2$或者$2\frac{1}{3} \times 3$都是错的。

【解】其实答案有且只有一个，而且还很简单，就是1和7。

相加与相乘

【题】哪两个整数相乘的积比它们相加的和小?

【解】其实，有很多这样的数字组合：

3和1：$3\times1=3$；$3+1=4$。

10和1：$10\times1=10$；$10+1=11$。

……

两个整数中有一个是1就符合题目要求了。

为什么呢?因为任何一个整数和1相加得到的结果都比自身大，同时任何一个整数和1相乘，得到的结果还是它自身。

结果相等

【题】有没有两个整数，它们相加的和等于相乘的积呢?

【解】2和2。只有两个2才有这样的特征，其他的都不符合。

3个数

【题】有没有三个数字，它们相加的和等于相乘的积呢?

【解】答案是1、2、3。因为$1+2+3=6$；$1\times2\times3=6$。

乘法与除法

【题】能不能找到符合这个条件的整数：两个整数中较大的除以较小的得到的商，和它们两个相乘得到的积的结果是相同的？

【解】答案是1和2。因为$2 \div 1=2$；$2 \times 1=2$。

5个星期五

【题】我们都知道，没有哪个月是有7个星期五的。那么，是否有一个二月份是有5个星期五的呢？

【解】如果是闰年，可能就会有5个星期五的二月份，因为闰年时，二月份的天数是29。即如果第1个星期五是2月1日，那么第2个星期五是2月8日；第3个星期五是2月15日；第4个星期五是2月22日；第5个星期五就是2月29日。这样算起来的话，就有5个星期五在这短短的一个月里面了。

如何得到20？

【题】接下来给大家111、777、999三个数字：

111

777

999

请大家去掉其中的6个，使得最后剩下的3个数之和是20。你能想到办法吗？

【解】答案如下（用数字0代替需要划掉的数字）：

011

000

009

得到的结果是11+9=20。

数字11的游戏

【题】这个游戏需要两个人来完成。在桌上放11颗坚果（也可以是瓜子、火柴，等等）。第一个人根据个人意愿拿走1、2或者3颗坚果，第二个人也拿走1、2或者3颗坚果——取决于他自己想拿走多少。接下来，第一个人继续拿，依此类推。拿到最后一颗坚果的那个人就输了。

你该怎么做才能在游戏中获胜呢？

【解】如果是你先开始拿坚果，那么，你该做的是拿走2颗，使得桌上剩下9颗。接下来，你可以非常轻而易举地就做到，不管有多少颗坚果被第二个人拿走，都可以让他在再次拿的时候剩下5颗坚果。最后，不管对方拿走最后的5颗坚果中的多少颗，你都可以从游戏里获胜。你可以非常轻松地留1颗坚果给他。

7个数字的运算

【题】把数字1到7写出来：1，2，3，4，5，6，7。

我们可以非常轻松地只用加法和减法把这7个数字连起来，使得最后的结果为40：12+34−5+6−7=40。

接下来，请找找其他的组合，而且结果不再是40，而是55。

【解】其实，这道题的做法有三种，而不是唯一的。下面就分别给大家列出来：

123+4−5−67=55

1−2−3−4+56+7=55

12−3+45−6+7=55

名师点评

在本章中，别莱利曼给我们展示了数字的独特魅力。

《简单的乘法》涉及前面讲到的9的倍数问题，《这是哪一年？》《照镜子》《应该是哪些数？》《相加与相乘》《结果相等》《3个数》《乘法与除法》涉及特殊数的问题，《5个星期五》还涉及闰年的问题，《7个数字的运算》则又回到了前面的排列组合问题。

而在《数字11的游戏》中，我们又碰到了一个和中国古老的数学题相通的问题，就是剩余定理。剩余定理也叫孙子定理，又称中国余数定理，是中国古代求解一次同余式组的方法，也是数论中一个重要的定理。一元线性同余方程组问题最早见于中国南北朝时期（大约公元5世纪）的数学著作《孙子算经》下卷第26题，叫作“物不知数”问题，即一个整数除以3余2，除以5余3，除以7余2，求这个整数。在整数除法里，一个数同时除以几个数，整数商后，均有剩余；已知各除数和对应的余数，从而求出适合条件的这个被除数的问题，叫作剩余问题。

第八章 奇妙的假象

一定会有人提出疑问：10 不可能
为 3 个奇数的和，这是不能办到的
事情！但事实果真如此吗？其实
很简单，只需要稍微动点儿脑筋即
可：先拿 5 块糖放进一个茶碗中，
第 2 个茶碗里放 3 块，剩下 2 块
糖只能放进第 3 个茶碗里，最后
再将第 2 个茶碗放在第 3 个上。

神秘的绳扣

这是一个非常有意思的魔术，如果你能给朋友们表演的话，肯定会让他们感到惊讶。

首先，你需要找到一根30厘米长的绳子，并把它打成一个宽松的结，如图8–1所示。再把如图8–2所示的结加到这个结之上。如果拉紧这个绳子，你可能认为会得到一个更加牢固的双层的结。请先别急，再打一个更加复杂的结：按照图8–3所示，从这两个结中把这个绳子穿过去。

好的，你已经完成了所有的准备工作，现在即将进入这个魔术的关键之处。把绳子的一端拿起来，再找一个朋友把另一端拉起来。接下来肯定要发生你和这个朋友都意想不到的事情：绳子什么结都不会留下，并不是我们想象的那个错综复杂的绳结，只剩下一根光溜溜的绳子捏在两个人手里！为什么绳结突然消失了？

如果你想成功表演这个魔术，从而让你的朋友们吃惊，那么你在打绳结的时候必须严格按照图8–3所示的方式。只有这样，才能

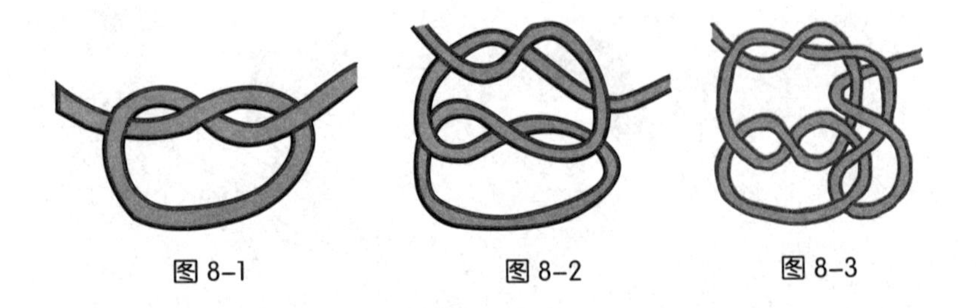

图8–1　　图8–2　　图8–3

在不受力的情况下自动解开所有的绳结。如果你不想因为表演失败而发窘，而是想成功地表演给朋友看的话，就好好观察图形，领会其中的奥秘吧。

解　脱

用两根绳子把A、B两位同学按照如图8–4所示的方法绑起来：在这两位同学的腕关节处把这两根绳子缠绕起来后交叉，使得没有办法把二者分开。

不过，我们看到的只是表象。实际上，我们可以用一种非常简单的方法，而且无须切断绳子就能把二者分开。

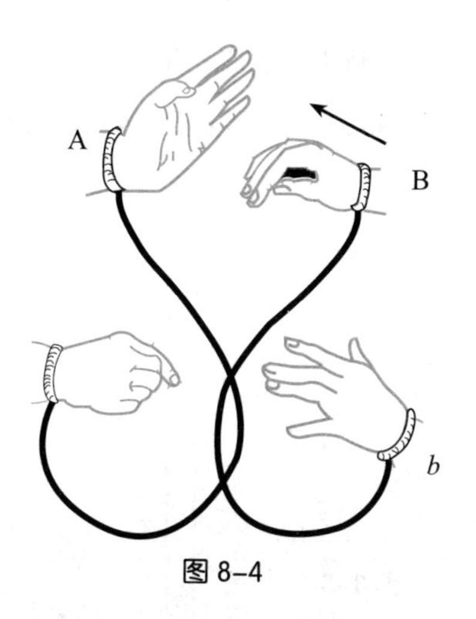

图8–4

下面我就告诉大家该怎么做。先在A手中的绳子上找一个点b，并拿住点b，再按照图中箭头所示的方向从B右手上的环中把点b穿过去。然后我们再顺着这个方向把A手中的大部分绳子都从那个环里穿过去，再从绳套中把B的右手穿过去，最后A拉动绳。大家就会发现，两位同学手里的绳子被神奇地解开了。

一双靴子

【题】在一张厚纸上剪出如图8–5所示的形状和大小的一个纸框、一双靴子和一个椭圆形的纸环。靴筒的宽度要比椭圆形纸环内部的椭圆宽，而椭圆形纸环内部的椭圆的直径应该等于纸框的宽度。然后，如果有人让你按照如图8–6所示的方法把靴子挂在纸框上，我们应该会觉得无论如何也无法完成吧。

其实，只要大家好好思考一下，所有的问题都能迎刃而解。那么，我们该采取什么样的独特方法呢?

【解】这个魔术的奥秘如下：先按照如图8–7所示的方法把纸框对折，对折后的纸框A部分和B部分要能完全重合在一起，然后

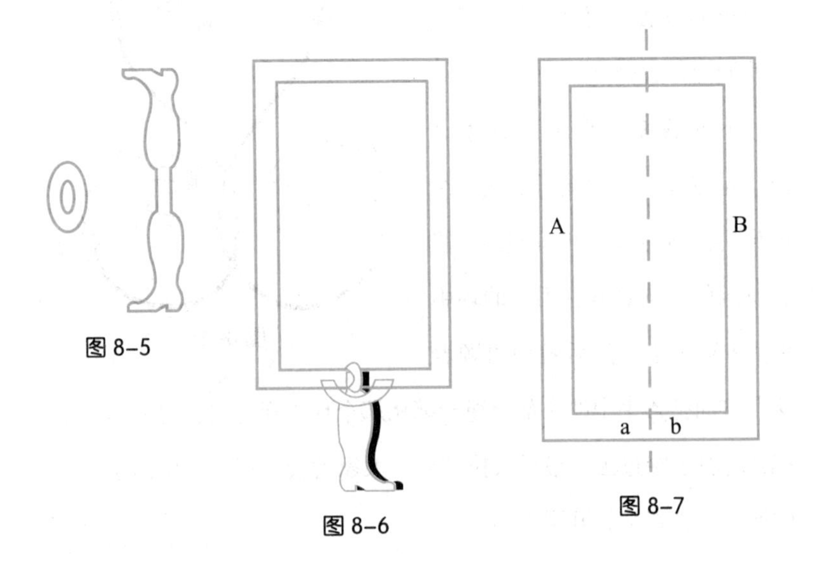

图8–5　图8–6　图8–7

再从重叠在一起的a、b两个末端把椭圆形纸环穿进去；接着从a、b之间的空隙里把靴子穿进去，再对折靴子，并将靴子移动到纸框折叠处，最后移动椭圆形的纸环，在靴子上把它套住。

现在，所有的问题都解决了，展开纸框你就会看到这个神奇的现象。

纸环上的木塞

【题】将两个软木塞挂在一个厚纸环上，再用一根短绳将两个木塞系在一起，然后将一个金属环套在短绳上（图8–8）。那么现在如果要将两个木塞从纸环上取下来，需要怎么做呢？

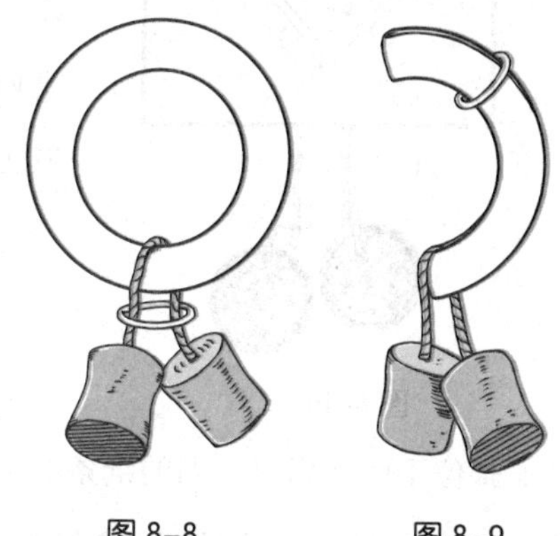

图8–8　　图8–9

这看起来十分令人费解，但如果是在前一道题已经被大家解答出的前提下，要解出本题就不是一件困难的事了。

【解】这是个非常简单的解法：首先折叠纸环，然后将金属环移动至取出，这样就将软木塞毫不费劲地取下了（图8–9）。

两颗纽扣

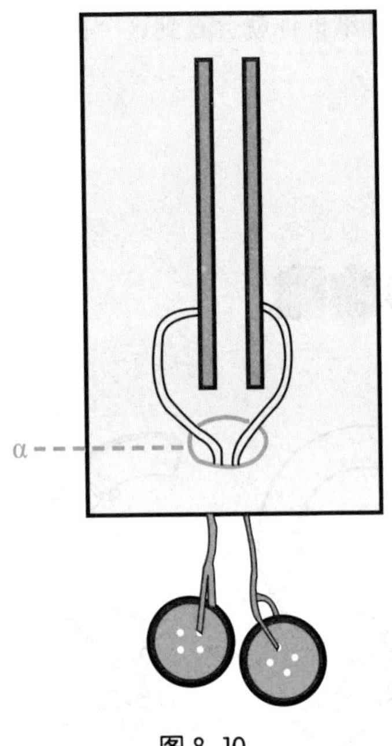

图 8–10

【题】如图所示（图8–10），先在一张较厚的纸片上切开两条口子，然后在厚纸片的下端切出一个圆状的孔a，该孔的直径需要稍大于两条切口之间的距离。再用一根绳子一次穿过该孔及两条切口，最后分别在绳子两端系上两颗纽扣，纽扣的大小须保证其无法通过该孔。

如此一来，两颗纽扣还能被大家取下来吗？

【解】首先上下对折纸片，将那张位于两条切口之间的纸条的上下端重叠。再将纸条穿过圆孔，纽扣穿过纸条后形成了一个活扣，最后将纸条平展开，纸片和纽扣自然就被分开了。

神奇的纸夹子

【题】如图8–11所示，从公文夹中撕出长方形纸片A、B两张，纸片的大小与笔记本差不多即可——长约7厘米，宽约5厘米。再准备带子3条（纸条亦可），其长度需大于长方形纸条的宽度约1厘米。然后将带子分别粘贴在两张纸片上：折叠带子的a、b、c端，分别将其粘贴于两张纸片的背面，带子的另一端d、e、f则分别粘在内侧。

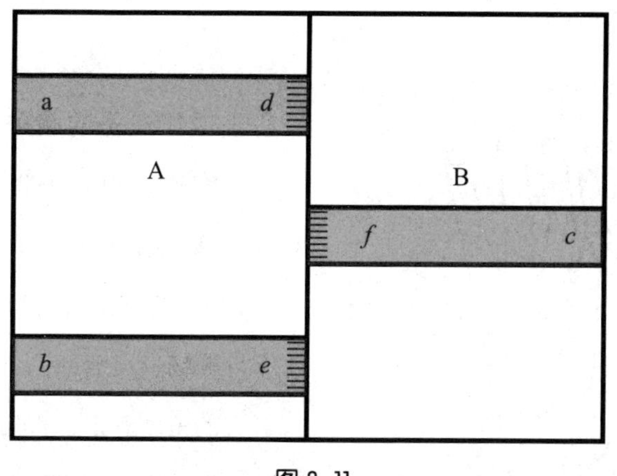

图8–11

完成了这些准备工作以后，这个神奇的纸夹子便完成了！接下来便可以用这个神奇的纸夹子来表演一个非常惊人的魔术了，叫“活纸夹子”。首先我们需要一张小纸片，为了防止偷换纸片，我们让一位同学在该纸片上签名。现在若将小纸条夹在之前所制作的纸片A的两条带子下面，并将纸夹子关上，再打开，神奇的事情便发生了：小纸片直接从两条带子下面溜了出来，自己钻进了另一端的一条带子下面！

【解】这个魔术的秘密是什么呢？其实是因为当我们关上纸夹子的时候，实际上是从另一个相反的方向打开了它。这其实是一个很简单的道理，但旁观者是很难看出其中玄妙的哟！

直尺游戏

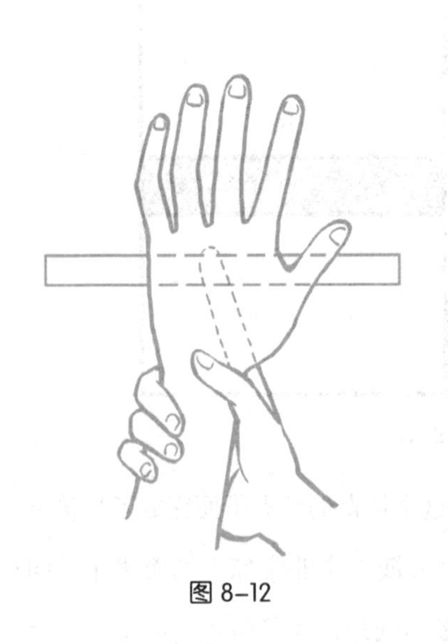

图 8–12

将一根直尺放于左手，用右手抓住左手的腕关节。再打开左手，用右手将直尺紧紧地按在左手的手心处（图8–12）。若整个过程都完成得十分顺畅、灵活的话，那么从旁人的角度看来，直尺就像是以一种神奇的方式被握在了左手中。其实真实的情况并非人人都能想到，这把直尺只是被右手的食指按住了而已。

10块糖

【题】有3个茶碗摆在茶桌上，如图8-13所示。从糖罐里面拿出10块糖，分别将10块糖装进茶桌上的3个茶碗里，必须保证每个茶碗里的糖块都是奇数。

【解】一定会有人提出疑问：10不可能为3个奇数的和，这是不能办到的事情！但事实果真如此吗？其实很简单，只需要稍微动点儿脑筋即可：先拿5块糖放进一个茶碗中，第2个茶碗里放3块，剩下2块糖只能放进第3个茶碗里，最后将第2个茶碗放在第3个上。

图8-13

最后便呈现出这样的结果：第1个茶碗和第2个茶碗里分别有5块糖和3块糖，都是奇数。第3个茶碗里虽然只有2块糖，但若加上第2只茶碗里的3块，第3只茶碗里的糖数就变成了奇数——5。

一本书与一张纸

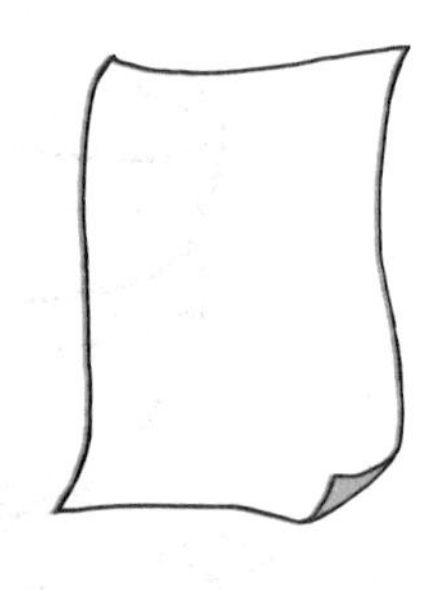

图 8–14

【题】如图 8–14 所示，有一本书和一张纸。如果我们需要用纸撑起这本书，并使其与桌面保持几厘米的距离，需要怎么做呢？

【解】首先，我们需要将纸片剪成完全一样的4个部分，再分别将每个部分都卷起来，就像图 8–15 所展示的那样，4个厚纸卷分别形成了支柱。这样，书不仅平躺在了桌上，连题目中所要求的其与桌面保持几厘米的距离也实现了！

图 8–15

侏儒与巨人

【题】如果你能给同学们表演一个侏儒与巨人的游戏的话，他们一定会不知所措的：这个侏儒就像一个活人，会和你说话，还能挥手，甚至能够迈开步子走路。

【解】其实这个魔术的秘密就如图8–16所示。这个侏儒是拼接而成的——你的头拼成了侏儒的头，你的手戴着靴子，看起来就像是侏儒的双脚，助手站在你的后面，他的手就拼成了侏儒的手，而这一切都被衣服掩盖在了其中。大家也可以用相同的方法创造出一个巨人哟！

图8–16

第九章 有趣的实验

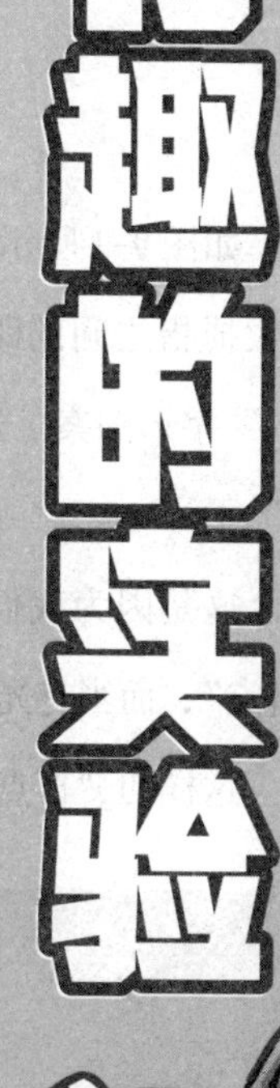

一根大头针放在水面上，能不能让它一直漂浮而不沉入水底呢？这是完全不可能的，想必大部分人都会这么以为。但其实这种情况几乎总能实现——只要你知道怎么动手。

盲点

如图9–1所示，将这幅图移近，使眼睛距离图大概有小拇指和大拇指之间的距离那么多。然后闭上左眼，用右眼盯着图中的“十”字形图案。这时你会发现你看不到这个白色的圆圈，它“消失”了。

这是因为我们的眼睛里有一小块地方对光线并不敏感，叫作“盲点”，而当有光线落到这一区域时，我们就看不到这个物体。

这样的“盲点”存在于每个人的眼睛里。

图9–1

一根木棍的实验

将一根木棍放平在两只手上，并且让木棍的两端靠在两只手的食指上（图9–2）。

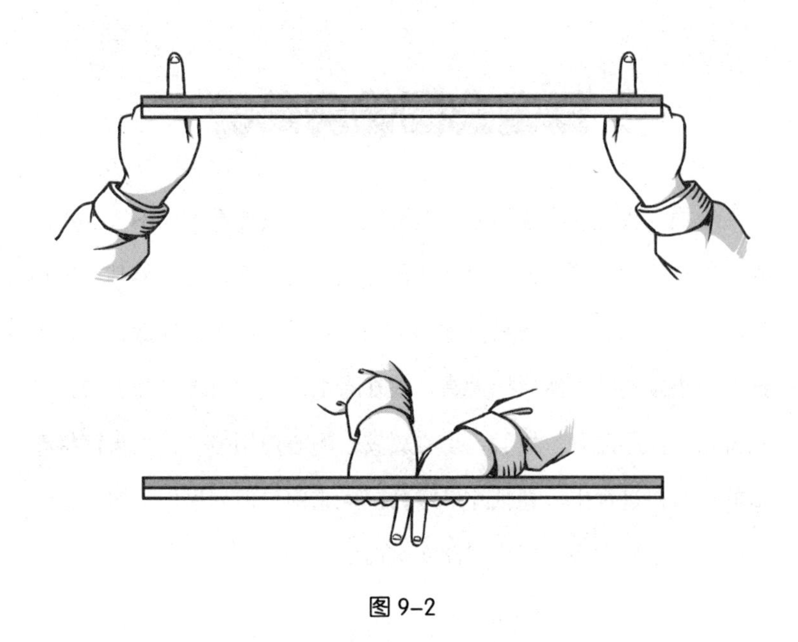

图 9–2

然后相向移动两个食指，直到彼此碰到为止。这时会发现，木棍最后稳稳地停在紧挨着的两个食指上，这就像一位科学家说过的，木棍此时是位于它的重心位置。我们还会发现，这个木棍不像我们想象中那样移动。也就是说，尽管我们很努力地将两只手匀速地往中间移动，木棍却不是两端同时相向移动的，而是先左手，然后是右手，再左手……

无论进行多少次游戏，游戏开始的时候我们的食指位于木棍的哪个位置，实验结束时，木棍都会出现在同一个地方。

浮在水面的大头针

一根大头针放在水面上，能不能让它一直漂浮着而不沉入水底呢？这是完全不可能的，想必大部分人都会这么以为。但其实这种情况几乎总能实现——只要你知道怎么动手。应该这样做：先在水面放一小张卷纸，然后把大头针放在卷纸上，此时卷纸和大头针当然会在水面漂浮着。然后，小心翼翼、耐心地用另一枚大头针将卷纸的边缘按进水中。卷纸片最终会沉入水中，但如果你足够小心谨慎的话，这枚大头针仍会漂浮在水面上。

牢固的火柴盒

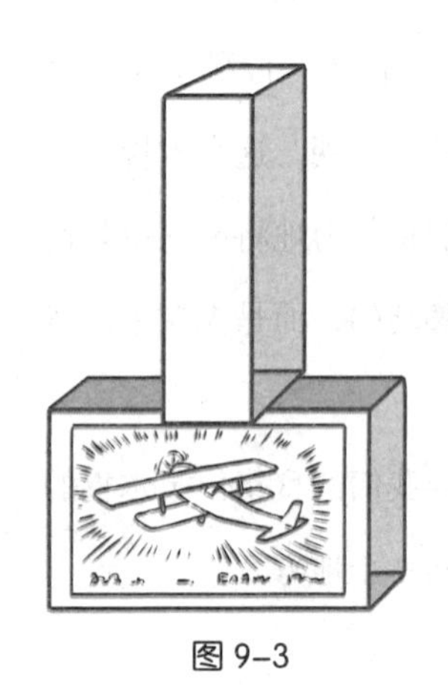
图 9–3

我们可以表演一个有趣的魔术，只需要利用一些空火柴盒。如图9–3所示，将两个火柴盒的一部分上下重叠放置。接下来请同学对着火柴盒用力打一拳。这样做了之后会发生什么情况呢？

如果你从来没有进行过这样的实验，那你大概会认为火柴盒当然会被压坏。但实际情况并不是这样。火柴盒的两部分会飞散开来，将其捡起来后就会发现，这两部分仍然完好无损——并没有破裂，只是弯曲了。火柴盒不会遭到毁灭是因为它有弹性。

手与脚

这道题初看可能会觉得很简单：请大家用自己的右手和右脚同时向不同的方向划圈（图9–4）。

大家在尝试后就会发现，我们的手脚并没有想象中那么听话。

图 9–4

右手和左手

这道题是和上题相似的题目。用左手轻轻拍打左胸的同时，用右手从上到下抚摸右胸。你会发现，需要长时间的练习才能顺利完成任务——这又是一件比想象中困难的事情。

并非那么简单

图 9–5

如图9–5所示，让同学抓住你的胳膊肘，你同时用自己的一个食指紧贴着另一个食指，阻止他把这两个指头分开。这难道还不简单吗？看起来是很简单，但是，你的同学解决不了这道题目，即便他的力气比你大。只要你稍微用点儿力，就可以抵挡住他最强悍的力气。

用1根火柴托起11根火柴

用12根火柴拼出如图9–6所示的图形，然后抓住最下面的火柴的末端，把其他的11根火柴提起来。你会发现，用1根火柴拎起11根火柴是可以做到的——只要有一定的技巧和灵敏。

这个实验也许不能一次成功，所以需要耐心地重复几次。

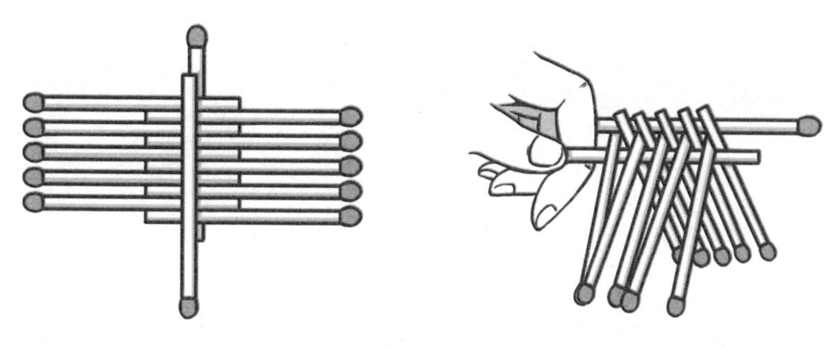

图 9–6

是否可以很容易做到？

大家是否觉得可以用两根火柴夹住另一根火柴的末端，然后很容易就能将其提起来？

这或许看似很简单，是吧？但这需要熟练的技巧和极大的耐心，大家动手试一试就会发现了。其实只要你稍微用点儿力气，火柴就会一直翻转下去（图 9–7）。

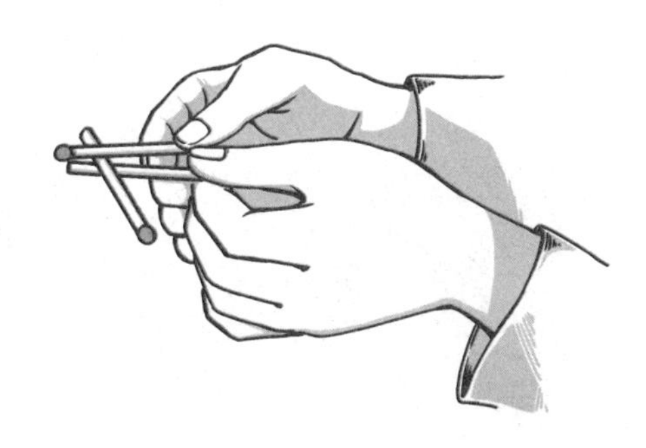

图 9–7

第十章 趣味算术题

有几只乌鸦落在枯树枝上，每支树枝上都落下一只乌鸦的话，树枝缺一支；要是有两只乌鸦躲在每支树枝上，则有一支树枝是多余的。那么，乌鸦有多少只？树枝有多少支？

他们各是多少岁?

【题】“老爷爷，能告诉我你的儿子的岁数吗？”

“如果按周计算他的年龄的话，他的岁数等于按天计算我的孙子的年龄。”

“那你孙子的岁数呢？”

“如果我的年龄是按月算的话，孙子的年龄和我一样。”

“那你多大了？”

“我们三个人的年龄加起来是100。你可以算出我们每个人是多少岁吗？”

【解】其实，要计算他们祖孙三代的年龄很简单。由题目中可以知道，孙子的年龄是儿子的$\frac{1}{7}$，是爷爷的$\frac{1}{12}$。假设孙子的年龄是1岁，那么儿子和爷爷分别是7岁和12岁。这样，祖孙三代的年龄加起来就是20——而实际岁数之和是它的5倍。所以，孙子今年是5岁，儿子是35岁，爷爷是60岁。检验一下我们的结果：5+35+60=100。

有多少个孩子?

【题】我生了6个儿子，而且他们每个人都有一个姐妹。那么请问，我一共生了几个女孩?

【解】答案是1个。也就是6个儿子和1个女儿（也许人们会说，应该是12个孩子。如果是这样的话，每个儿子的姐妹应该是6个，而不是题目中的1个）。

谁年长？

【题】我儿子两年后的年龄是两年前的2倍，我女儿三年后的年龄是三年前的3倍。请算一算，我儿子的年龄大，还是女儿的大呢？

【解】儿子和女儿是双胞胎，他们都是6岁。实际上：

$$(6+2)\div(6-2)=2\ ;\ (6+3)\div(6-3)=3$$

这个问题可以很简单地算出来：两年前的小男孩比两年后小4岁，同时他两年前的年龄是两年后的$\frac{1}{2}$。换句话说，他两年前是4岁，现在是4+2=6岁；而小女孩的年龄也是6岁。

早 餐

【题】吃早饭的时候，两位父亲和两个儿子每人吃了一个鸡蛋，但他们总共才吃了3个鸡蛋。这是怎么一回事呢？

【解】其实很简单，吃早饭的是3个人，而不是4个人，他们是祖孙三代。一对父子是爷爷和他的儿子，另一对父子是爷爷的儿子和孙子。即孙子是爸爸的儿子，爸爸是爷爷的儿子。

【题】有一棵15米高的树，一只蜗牛准备爬上去。这只蜗牛白天可以往上爬5米，但是在晚上的时候它会往下滑4米。请问：蜗牛要用多长时间才能爬到树顶？

【解】答案是10个昼夜加上一个白天。蜗牛每天爬1米，需要花10昼10夜的时间往上爬10米。而它可以在最后的白天往上爬5米，这样它就可以爬到树顶了。

砍柴工

【题】几位砍柴的工人需要把一根5米长的木材锯成1米长的柴火，若他们需要花$1\frac{1}{2}$分钟的时间才可以锯下一段柴火，请问：这几位砍柴工人把这整根木材锯完需要花多少时间？

【解】一般情况下，大家会认为是$1\frac{1}{2}\times 5=7\frac{1}{2}$分钟。但大家忽略了一点，在最后一次锯的时候可以锯出两段1米长的柴火。换句话说，只需要锯4次，而不是5次就可以把5米长的圆木锯成1米长的柴火，所以一共需要花的时间是$1\frac{1}{2}\times 4=6$分钟。

去城里

【题】有一位想要进城的农民，他打算前一半路程花走路的$\frac{1}{15}$的时间坐火车；后一半路程骑牛走，所用的时间是步行的2倍。请问，他能比全程走路快多少时间进城？

【解】这位农民这样做是在浪费时间，而不可能省出任何的时间。因为他步行走完整段路程的时间是第二段骑牛路程的时间，所以他浪费了$\frac{1}{15}$步行走完前一半路程所花的时间。

乌鸦与树枝

【题】有几只乌鸦落在枯树枝上，每根树枝上都落下一只乌鸦的话，树枝缺一根；要是每两只乌鸦站在一根树枝上，则有一根树枝是多余的。那么，乌鸦有多少只？树枝有多少根？

【解】现在让我来给大家解答这个古老的民间习题：在第二种情况下，两只乌鸦站在同一根树枝上，比第一种方法多需要多少只呢？正如我们所知，如果一只乌鸦站在一根树枝上，那么就少一根树枝；如果是两只乌鸦站在同一根树枝上，就还需要两只乌鸦才能站满树枝。所以第一种方法比第二种方法少3只乌鸦；而在第二种情况下，比第一种方法在每根树枝上多1只。所以，树枝的数目是

3根。按照第一种方法，在每根树枝上都站一只乌鸦，就需要3只乌鸦，但还少一只乌鸦，所以乌鸦的数目是4只。答案应该是4只乌鸦和3根树枝。

两位小学生

【题】小学生A告诉小学生B："如果你给我一个你的苹果，那么我就有你的2倍的苹果了。"

小学生B不开心地说："这样做不公平。最好还是把你的苹果给我一个，这样我们就有一样多的苹果了。"

请问，他们的苹果数目各是多少？

【解】因为A给B一个苹果，他们的苹果就一样多，所以B比A少2个苹果。如果A从B这儿拿走一个苹果，两个人的苹果数目就相差4个。我们还知道的是，此时B的苹果数目是A的$\frac{1}{2}$，换句话说，这个时候B的苹果数目是4个，A的是8个。所以，A的苹果数目是8−1=7个，B的是4+1=5个。

让我们来检验一下，如果B从A那儿拿走一个苹果，那么：7−1=6；5+1=6。

此时，两个人的苹果数目刚好一样。所以，A的苹果数目是7个，B的是5个。

皮带扣的价格

【题】买皮带和皮带扣一共需要68戈比，而且皮带扣比皮带便宜60戈比。那么，皮带扣多少钱？

【解】也许大家得出的结果为皮带扣价值8戈比。如果是这样的话，那么你就错了。因为这样的话，皮带扣只比皮带便宜52戈比，而不是60戈比。正确的答案应该是：皮带扣价值4戈比，买皮带就要68−4=64戈比——刚好比皮带扣的价格高了60戈比。

有多少只玻璃杯？

【题】如图10−1所示，有3种大小不同的容器放在架子上，且每个架子上放的容器的总容积大小一样。在最小的容器里，只能把一只玻璃杯装进去。请问，另外两种容器能装多少只玻璃杯？

【解】从第1排和第3排柜子的比较中，我们可以知道二者的区别：第1排柜子比第3排柜子多一个中型的容器，但是没有小型容器放在第3排柜子里。因为柜子里的容器的总容积是一样的，所以，3个小型容器的容积之和应该和1个中型器皿的容积一样。这样的话，一个中型器皿可以装3只小型容器。如果用玻璃杯替换第一排柜子里的中型器皿，剩下的就是1只大容器和12只小型容器。

再用第二排柜子和这个结果做比较，由此得出的结论是：一个大型器皿可以装6只小型容器。

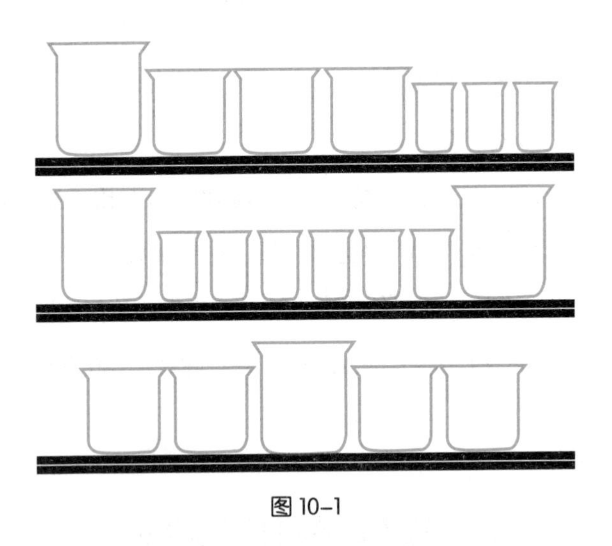

图 10–1

有多少个正方形？

【题】你能算出图10–2里面一共要多少个正方形吗？ 25个？那你就错了！

图中的小正方形是25个，但是还有不少数目的由4个小正方形组成的正方形没有算。另外，由9个小正方形和16个小正方形组成的正方形也没有算。最后还有1个由25个小正方形组成的最大的正方形，这不也是一个正方形吗？

让我们大家一起来数一数一共有多少个正方形吧。

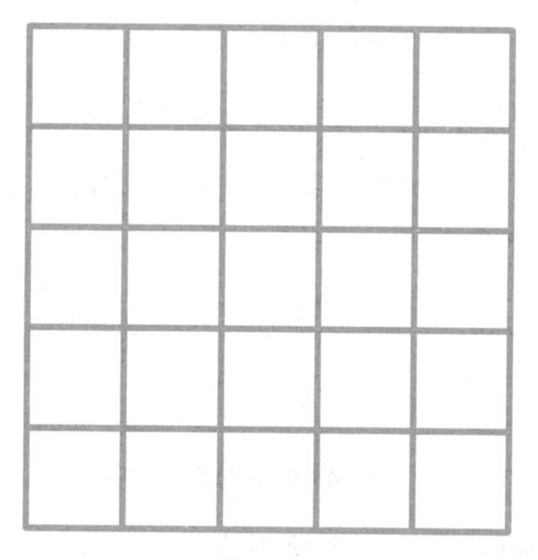

图 10-2

【解】25个小正方形；

16个由4个小正方形组成的正方形；

9个由9个小正方形组成的正方形；

4个由16个小正方形组成的正方形；

1个由25个小正方形组成的正方形。

共计：25+16+9+4+1=55个。

换句话说，这个图形中一共有55个5种大小的正方形。

1平方米

【题】第一次听说在1平方米里面居然包含100万个平方毫米的时候，阿辽沙十分吃惊，怎么也不愿意相信这是真的。

他惊讶地说："怎么可能有那么多！我有一张长度和宽度都是1米的方格纸，你难道要告诉我这张正方形纸里包含了100万个长和宽各为1毫米的小方格吗？我完全不可能相信！"

"你可以自己数数看。"

阿辽沙决定自己数一数。星期天早上他很早就起来了，并认真地开始数，还在每个他数过的小方格上做了标记，大概1秒钟就能给一个小方格做标记。一切都进展得挺顺利。

阿辽沙认真地数着，连头都不抬一下。那么，大家对阿辽沙数方格这件事怎么看呢？一天的时间够他数完这些方格吗？

【解】答案是，一天的时间内阿辽沙是不可能数出结果的。就算给他一天的时间让他不停地数，24小时内他也只能数出86400个小方格，因为一天只有86400秒。就算每天都不休息，他也要花10多天才能数完。而如果他每天只花8个小时数的话，那么他数到100万需要整整一个月。

分苹果

【题】米沙有6个小伙伴到家里来玩，招待这些小客人的时候，米沙的爸爸想用家里的苹果。可让他犯难的是，家里只有5个苹果了。这该怎么办啊？爸爸希望6个人都有苹果，而不是让其中的任何一个人感到委屈。所以只好切开苹果。把苹果切小块又不太合适，他希望一个苹果最多三等份。这下他又犯难了：有5个苹果，每个苹果最多只能分成3份，怎么分给6个人？

米沙的爸爸该如何解决这个难题？

【解】他可以这样分苹果：先把其中的3个苹果切成两半，这样就有了6份苹果；再把剩下的2个苹果平均切成3份，就又得到了6份苹果。这样切苹果就能保证所有人得到的苹果是一样多的——每个人都得到了一个半块的苹果和一个苹果的三分之一。

同时我们还会发现，所有的苹果都没有被分成3份以上。

【题】仓库里放着21只桶，其中7个装满了蜂蜜，7个装了一半，剩下的都是空桶。三个合作社一起买蜂蜜，现在他们要平均分配这些桶和蜂蜜。

请问，如果不把一只桶的蜂蜜往另一个桶里倒，该怎么解决这个分配问题？如果大家有许多不同的方法的话，请告诉我们。

【解】由题目中可以知道的是，一共有21只桶和$7+3\frac{1}{2}=10\frac{1}{2}$桶蜂蜜。也就是说，每个合作社得到的蜂蜜是$3\frac{1}{2}$桶和7个空桶。

我们有两种方法可以解决这个问题。

第一种方法，分给每个合作社的蜂蜜和桶分别是：

第1个合作社	3只装满蜂蜜的桶； 1只装有半桶蜂蜜的桶； 3只空桶	共计$3\frac{1}{2}$桶蜂蜜
第2个合作社	3只装满蜂蜜的桶； 1只装有半桶蜂蜜的桶； 3只空桶	共计$3\frac{1}{2}$桶蜂蜜
第3个合作社	1只装满蜂蜜的桶； 5只装有半桶蜂蜜的桶； 1只空桶	共计$3\frac{1}{2}$桶蜂蜜

第二种方法，分给每个合作社的蜂蜜和桶分别是：

第1个合作社	3只装满蜂蜜的桶； 1只装有半桶蜂蜜的桶； 3只空桶	共计$3\frac{1}{2}$桶蜂蜜
第2个合作社	2只装满蜂蜜的桶； 3只装有半桶蜂蜜的桶； 2只空桶	共计$3\frac{1}{2}$桶蜂蜜
第3个合作社	2只装满蜂蜜的桶； 3只装有半桶蜂蜜的桶； 2只空桶	共计$3\frac{1}{2}$桶蜂蜜

【题】一个人共花了5卢布买了3种不同的邮票，单价分别为50戈比、10戈比和1戈比，总共买了100枚。

那么，请计算：这3种价格的邮票，他各买了多少枚？

【解】这道题的解法是唯一的。这个人买的邮票的数目分别是：

1枚50戈比的邮票；

39枚10戈比的邮票；

60枚1戈比的邮票。

这样的话，他一共买了：

$$1+39+60=100（枚）$$

邮票的总价是：

$$50+390+60=500（戈比）$$

硬币问题

【题】一个人有42枚硬币，面值分别是1卢布、10戈比和1戈比，总价值是4卢布65戈比。

那么，这三种面值的硬币分别是多少枚？

我们有几种解答这道题的方法？

【解】我们可以用4种方法进行解答：

	方法1	方法2	方法3	方法4
1卢布	1	2	3	4
10戈比	36	25	14	3
1戈比	5	15	25	35
硬币总数	42	42	42	42

卖鸡蛋

【题】有一位农妇拿着鸡蛋到市场上去卖。第1个买主把她的所有的鸡蛋的一半加上半个鸡蛋买走了；第2个买主把剩下的鸡蛋的一半加上半个鸡蛋买走了；第3个买主买走了最后一个鸡蛋。3个人买完后，农妇没有鸡蛋了。请回答：农妇一共带了多少个鸡蛋？

【解】很明显，这位农妇的鸡蛋的数目是奇数：因为所有鸡蛋的一半不是整数，只有加上半个鸡蛋以后才是整数。那么，这一数字是多少呢？我们可以从第2位买主把剩下的鸡蛋加上半个鸡蛋买走后，农妇还有一个鸡蛋开始着手。

因此，第1位买主买剩下的鸡蛋的$\frac{1}{2}$刚好是一个鸡蛋加上半个鸡蛋。第1位买主买走鸡蛋后剩下$1\frac{1}{2}+1\frac{1}{2}=3$个，比农妇原有的鸡蛋的一半少半个。所以，农妇的鸡蛋数目总共是$3\frac{1}{2}+3\frac{1}{2}=7$个。

她们是怎么上当的？

【题】两个农妇各有30枚鸡蛋要拿到市场上去卖。一位农妇以5戈比的价格出售一对鸡蛋，另一位则以5戈比的价格出售3枚鸡蛋。鸡蛋卖完后，这两位农妇不识数，所以找了一个路人帮忙数钱。路人数完钱后跟她们说："因为你们俩一位是以5戈比的价格出售一对鸡蛋，另一位是以5戈比的价格出售3枚鸡蛋。换句话说，你们都是以10戈比的价格卖出了5枚鸡蛋。由于你们一共有60枚鸡蛋。也就是说，鸡蛋的数目是12个5枚。所以，你们一共卖了120戈比，即1卢布20戈比。"

路人给了两位农妇1卢布20戈比，而悄悄在自己的腰包里藏起了剩下的5戈比。那么，怎么会多出来5戈比呢？

【解】这个路人的算法是错的。根据他的计算方式可知，5戈比出售2枚鸡蛋和5戈比出售3枚鸡蛋时，两位农妇的收入是相同的——鸡蛋以平均2戈比一个的价格出售。然而，事实上她们按照自己的方式出售，第一个农妇卖出了15对鸡蛋，第二位卖出了10对鸡蛋。她们卖的鸡蛋贵的比便宜的多，所以，平均价格比2戈比高。所以，她们的收入是$\frac{30}{2}\times5+\frac{30}{3}\times5=125$戈比，即1卢布25戈比。

【题】假设时钟敲3下需要3秒钟，那么，需要多少秒时钟才可以敲7下？

【解】如果时钟敲3下需要3秒钟，换句话说，有两个时间段在3秒钟之内，即两个时间段长3秒，那么每个时间段应该长$\frac{3}{2}$秒。

如果要敲7下，就应该有6个时间段在此期间。所以，应当是花了$6\times\frac{3}{2}=9$秒才能敲7下。

【题】一户人家养了几只都产了一只小猫崽的大小一样的母猫。猫的重量是：

4只母猫和3只小猫的重量是15千克；

3只母猫和4只小猫的重量是13千克。

请问：在每只母猫的重量一样，小猫的重量也一样的情况下，母猫和小猫的重量分别是多少千克?

【解】大家不妨思考一下：

4只母猫和3只小猫重15千克；

3只母猫和4只小猫重13千克。

也就是说，7只母猫和7只小猫共重28千克。

由此可知，一只母猫和一只小猫重4千克。那么，4只母猫和4只小猫就应当重16千克。

试比较：

4只母猫和3只小猫重15千克；

4只母猫和4只小猫重16千克。

显然，每只小猫的重量应当是1千克，因而，每只母猫重3千克。

名师点评

本章中，别莱利曼主要谈及8个数学问题，即和倍问题、差倍问题、和差问题、追击问题、等量代换、间隔问题、数的整除性质、取值范围。

已知两个数的和，又知两个数的倍数关系，求这两个数分别是多少，这类问题称为和倍问题。解决和倍问题的基本方法：将小数看成1份，大数是小数的n倍，大数就是n份，两个数一共是n+1份。基本数量关系：小数=和÷（n+1），大数=小数×倍数或者和－小数=大数。《他们各是多少岁？》讲的就是和倍问题。

已知两个数的差，并且知道两个数的倍数关系，求这两个数，这样的问题称为差倍问题。解决差倍问题的基本方法：设小数是1份，如果大数是小数的n倍，根据数量关系知道大数是n份，又知道大数与小数的差，即知道n−1份是几，就可以求出1份是多少。基本数量关系：小数=差÷（n−1），大数=小数×n或者大数=差+小数。《谁年长？》《乌鸦与树枝（来自民间的题目）》涉及的就是差倍问题。

已知两个数的和与差，求出这两个数各是多少的问题，叫作和差问题。基本数量关系是：（和＋差）÷2＝大数，（和－差）÷2＝小数。解答和差问题的关键是选择合适的数作为标准，设法把若干个不相等的数变为相等的数，某些复杂的题没有直接告诉我们两个数的和与差，可以通过转化求它们的和与差，再按照和差问题的解法来解答。在《皮带扣的价格》中，就涉及和差问题。

追击问题是行程问题这一大类的一个分支，通常我们可以用路程差 ÷ 速度差 = 时间、路程差 ÷ 时间 = 速度差、速度差 × 时间 = 路程差，这 3 个公式来解决这类问题。《蜗牛》讲的就是一个典型的追击问题。

等量代换是指一个量用与它相等的量去代替，它是数学中一种基本的思想方法，也是代数思想方法的基础。狭义的等量代换思想用等式的性质来体现就是等式的传递性。如果a=b，b=c，那么a=c。这个思想方法不仅有着广泛的应用，而且是今后进一步学习数学的基础，是一个非常重要的知识点，甚至到了大学都会使用。《有多少只玻璃杯？》《猫》都涉及等量代换问题。

生活中我们经常遇到间隔问题，有时候看起来觉得很简单，但计算起来没有那么容易，需要我们从不同的角度去思考问题，才能求出答案。常见的间隔问题有植树问题、上楼梯、锯木头、敲钟等，他们体现的是间隔数与点数之间的关系。理解它们的关系是解题的关键。在间隔问题中点数与间隔数之间有四种关系：第一种是非封闭线的两端都有“点”，点数 = 间隔数 +1；第二种是非封闭线只有一端有“点”，点数 = 间隔数；第三种是非封闭线的两端都没有“点”，点数 = 间隔数 −1；第四种是封闭线上，点数 = 间隔数。在解答间隔问题时，要认真分析，从不同的角度思考，借助画图、动手操作等方式弄清“间隔数”与“点数”之间的关系，方能正确解答。本章中的《时钟》就是间隔问题。

而《邮票》则包含了数的整除性质以及取值范围两个知识点。

如果整数a除以非0整数b，除得的商正好是整数且余数是零，我们就说a能被b整除（或b能整除a），记作b/a，读作“b整除a”或“a能被b整除”。其中，a叫作b的倍数，b叫作a的约数（或因数）。整除属于除尽的一种特殊情况。

整除有五条基本性质：

（1）如果a与b都能被c整除，则a+b与a−b也能被c整除。

（2）如果a能被b整除，c是任意整数，则a与c的积也能被b整除。

（3）如果a能被b整除，b能被c整除，则a与c的积也能被c整除。

（4）如果a能同时被b、c整除，且b与c互质，那么a一定能被b与c的积整除；反之也成立。

（5）任意整数都能被1整除，即1是任意整数的约数；0能被任意非0整数整除，即0是任意非0整数的倍数。

包含在特定要求范围内的所有数值的集合被称作取值范围。一旦区间分配给某个对象，则该区间就不能再分配给其他对象。

所以《邮票》这个看似简单的数学题里，包含的数学原理却不少。这也是别莱利曼的高明之处，小中见大。

第十一章 猜一猜

你在心里随便想一个三位数，而且不要告诉我，然后用百位上的数字乘 2 后，给得到的积加上 5，再乘 5，然后把得到的积与三位数中十位上的数字相加，然后把这个结果乘 10，最后把这个积和三位数中个位上的数相加。结果是多少——我可以立刻猜出你心里的数字。

左手还是右手？

【题】你手里拿着两枚硬币，一枚2戈比，一枚3戈比。在我不知情的情况下，若你按照我的提示去做的话，我一定能准确猜出你手里的硬币的面值。首先，将左手中的硬币面值乘2，右手中的乘3，然后将二者相加，告诉我得出的结果是偶数还是奇数。

只要我知道结果是奇数还是偶数的话，我就能准确判断出左、右手的硬币了。

假如你左手拿的是2戈比，右手拿的是3戈比，那么，计算方法就是：$(2\times2)+(3\times3)=13$，结果就是奇数。

我马上就能判断出，右手是奇数。即右手拿的是3戈比，左手拿的是2戈比。猜猜我是怎样做到的？

【解】其实这道题的解题方法是有一定规律的：任何一个数乘2的结果都是偶数，即无论哪只手的数乘2得到的数都是偶数；如果奇数乘3得到的结果是奇数，加上前一个数乘2的结果，得到的结果肯定是偶数。现在我们得到的结果是奇数，那么可以肯定的是，右手的是奇数。大家可以对此进行验证。

假如把这个规律应用到这道题目中，只有当3乘3时，结果才有可能是奇数。也就是说，只有右手拿3戈比的时候，才存在这样的结果。因此，我们只要知道结果是奇数还是偶数，就能判断出每只手里的硬币的面值了。

其他面值的硬币也可以用来演绎这个游戏，如2戈比和5戈比，20戈比与15戈比；也可以用任意数字来代替，如2和5，20和55等。

当然，硬币之外的其他道具也可以用来表演这个魔术，比如火柴，我们可以这样描述：

“请两只手分别拿2根火柴和5根火柴。将左手中的火柴数乘2，右手中的火柴数乘5……”

多米诺骨牌

【题】这个魔术需要挑战一下你的智力与技巧，不是所有人都可以挑战的哦！

你可以问你的同学能否猜出隔壁房间里的同学心中所猜想的那张多米诺骨牌。为了增强魔术的吸引力与神秘性，最好把眼睛也蒙上。具体的操作如下：每位同学选出自己的多米诺骨牌，向隔壁的人提问，要求对方描述出他们手中的牌——隔壁的人不需要目睹这是什么牌，就能准确给出答案。

这个游戏该怎么玩呢？

【解】在此，我们设定一种秘密的暗号：事先约定好，只有你和你的同学两个人知道。

“我”表示“1”；

“你”表示“2”；

“他”表示“3”；

“我们”表示“4”；

“您”表示“5”；

“他们”表示“6”。

那么，怎样具体操作呢？如果你的同学现在已经选中了4张骨牌，他向你发问：“我们选中了一张骨牌，你肯定猜不出我们选的是什么。”

这时候你该如何解读这份“电报”呢？首先，“我们”表示“4”，“他”表示“3”，因此骨牌应当是4 | 3。

如果你选中的骨牌是1 | 5，你的同学会说“我觉得，您这次可能猜不中”，如果旁边是一位不知情的人，他肯定会为你感到焦虑，可他不知道的是，“我”代表“1”，“您”表示“5”。

假如你选中的是4 | 2，那你的同学应该怎样说呢？他应该很肯定地说：“哈哈，这次我们选中的牌，你肯定是猜不中了。”

那白板该怎么来表示呢？你们可以设计“哦”之类的话，如果你选中的是0 | 4，你的同学就应该这样说：“哦，能猜出我们选中了哪张牌吗？”

你当然知道他选中的是0 | 4。

猜多米诺骨牌的另一种方法

【题】现在我们来介绍一种不使用任何“电报”的方法：一个简单的需要计算的魔术。

让你的同学选中一张骨牌并放在衣兜里，接着，通过简单的计算，你就能猜出他的衣兜里放的是什么牌了。我们现在先假设他放的是3 | 6。

让你的同学使用其中的1个数字，比如3，并需要这样做：$3\times2=6$；然后加上7：$6+7=13$；再将所得的数乘5：$13\times5=65$。

接下来，他需要将所得的结果加上多米诺骨牌上另外一个数字（此处为6）：$65+6=71$，并将这个最后的结果（即71）告诉你。

你将这个数字减去35，就可以得到最终结果：$71-35=36$。也就是说多米诺骨牌是3 | 6。

为什么可以进行这样的运算呢？为啥要在最后减去35呢？

【解】让我们一起看一看：首先，用第一个数字和2相乘，然后和5相乘，其实就是将这个数字和10相乘。其次，我们先和一个7相加，再乘5。也就是说，我们将这个数和35相加。所以，如果我们将最后的结果和35相减，就是骨牌第一位数字的10倍，最后加上的那个数就是骨牌的第二位数字。现在大家就清楚了，为什么我们想要的骨牌上的数字会是最后的计算结果。

数字游戏

请大家在心里随便想一个数字。

先把这个数字加1，然后乘3，再加1，最后加上一开始的那个数字。

好的，把你得到的结果告诉我。

把这个结果告诉我后，我再用这个结果减去4，再除以4。最终得到的数是不是和你最初想的那个一样呢？比如，你想的是12。

先用12加上1，等于13；所得的和乘3，等于39；再用得到的积加上1，等于40；最后用和加上12，为40+12=52。

当你把52告诉我之后，减去4：52−4=48，我再把它除以4，得到最后的结果为48 ÷ 4=12。

你知道是怎么回事吗？

其实只要你认真观察整个计算过程，就可以轻而易举地发现：你得到的最后的结果其实就是一开始那个数字的4倍，再加上4。所以，只要我把这个结果减4，再除以4，就会得到你想的那个数。

三位数的游戏

你在心里随便想一个三位数，而且不要告诉我，然后把这个数百位上的数字乘2后，给得到的积加上5，再把这个和乘5，然后把得到的积与三位数的十位上的数字相加，再把这个结果乘10，最后把这个积和三位数的个位上的数相加。结果是多少？我可以立刻猜出你心里的数字。

让我们找个例子试一试。比如你心里想的数字是387，那么，你的计算过程是：

$$3\times 2=6$$

$$6+5=11$$

$$11\times 5=55$$

$$55+8=63$$

$$63\times 10=630$$

$$630+7=637$$

这个时候，你需要把637告诉我——我可以猜到你心里那个数字。

这是为什么呢？

现在，让我们认真观察你的计算过程。第一步是百位上的数字乘2，然后和5相加，再和10相乘，实际上你是将这个百位数乘了3次：$2\times 5\times 10=100$；第二步是先把十位上的数字和10相乘，而不改变个位数。实际上，我们做的运算是在最初那个数之上加了$5\times 5\times 10=250$。所以，只要把最终的结果减去250，就可以得到你心里的那个数。

这样我们就可以搞清楚，如何能猜中别人心里随便选择的数字了——只需要将最终的计算结果减去250。

我是怎么猜中的？

【题】我们来玩另一个和猜数字有关的游戏：我猜大家选定的数字。

任何一个数字你都可以选（不要混淆“数字”和“数”，数字一共有10个，从0到9，而数却有无数个）。好的，请在心里选定一个数字，不要告诉我。选好了吧？将这个数字和5相乘，注意别算错，不然就无法继续进行这个游戏了。

已经将这个数字和5相乘了？好。将所得的结果和2相乘。做好了吗？所得的积再和7相加。

现在把你得到的结果中的第一位数字去掉。

可以了吧？将所得的结果和4相加，和3相减，再和9相加。

都是按照我的要求来做的吗？现在，让我来告诉你得到的最后的结果——17。

没错吧？应该是这个结果吧。

再玩一次怎么样，完全没有问题。

选好数字了？将这个数字和3相乘，所得的结果再和3相乘。现在将所得的结果和你选定的那个数字相加。

好了吗？再将所得的结果和5相加。现在把你得到的结果中的第一位数字去掉。

去掉了？再和7相加，和3相减，最后加上6。

现在还是让我来说出你得到的最终结果吧。结果是15！我应该没猜错吧？如果我猜错的话，那肯定是你在某个地方的计算出现了失误。

还要再玩一次吗？当然可以！

选好数字了吗？将这个数字和2相乘，所得的结果继续和2相乘，再和2相乘；将所得的结果和你选定的那个数字相加，再加一次；将所得结果和8相加，把第一个数去掉。剩下的结果和3相减，最后加上7。

结果是12！

不管我猜多少次都不会出错。这是为什么呢？

需要告诉大家的是，我是在本书出版几个月之前才想出来这个游戏的。换句话说，我已经想出来了你要选的数字。这说明，你选定的数字和我最后猜的数字之间没有任何联系。那么，奥秘到底是什么呢？

【解】如果想知道我是怎么猜出这些数的，就应当仔细观察我让你做了怎么样的计算。第一个例子中，你首先将所选定的数字和5相乘，然后和2相乘。这就意味着，你已将这个数字和10相乘。任何一个数字和10相乘，个位数的结果都是0。知道这一点之后，我让你再和7相加。现在我已经知道你得到了一个两位数，虽然我还不知道十位数，但个位数的7我是知道的。我又要求你去掉十位数，而我此时是不知道这个数字的。现在你得到什么结果呢？当然是7了。原本我可以告诉你这个数字，但是我很狡猾：我不动声色地让你将7加上或者减去不同的数，同时我心里也在进行运算。最后，我告诉你，你得到的结果是17。你得到的结果一定是17，和你一开始选定的数字没有关系。

第二个例子中，我采用了别的方法你应该早就猜出其中的奥秘了吧？我让你首先将选定的数字和3相乘，再和3相乘，然后和选定的数字相加，这是什么意思呢？不难想象，这个结果等于将你选定的数字乘10（$3\times3+1=10$）。同样，你所得的结果的末尾数是0我是知道的，然后就和第一个例子一样：先加上一个数字，再去掉我不知道的第一个数字，接下来进行一些运算只是为转移你的注意力罢了。

第三个例子仍然是一样的。我要求你将选定的数字和2相乘，所得的结果继续和2相乘，再和2相乘，并两次将所得的结果加上你选定的数字。这样的计算意味着什么呢？结果是将你选定的数字乘10（$2\times2\times2+1+1=10$）。接下来的运算就很简单了。

现在你也能像我一样，和你的同学玩这个游戏了，只要他不知道其中的奥秘，肯定会觉得很神奇。也许，你还能自创一些方法猜数字，这是一件很简单的事情。

身不由己的猜谜者

日常生活中，我们总认为如果能猜中同学手中的硬币是什么样的，是一件非常不容易的事情。在我发现有时候是猜中比猜不中简单得多之前，我也是这样认为的。让我来跟大家分享一个经历吧。有一次，我非常荣幸地成了一个很希望猜不中，却每次都能准确地猜中答案的身不由己的猜谜者。那天，哥哥问我："想不想猜猜看我把一枚什么样的硬币藏起来了呢？"

"这怎么能猜中，别逗我了，我不知道怎么猜。"

"这还不简单？哪有什么会不会的。唯一的技巧就是你脑子里觉得是什么就是什么呗。"

"这太简单了，我肯定不可能猜中的。"

"放心吧，你肯定能猜中的。别想那么多，开始吧。"

接下来，哥哥就把一个装着一枚硬币的火柴盒放进了我的口袋里。

"现在你要保管好这个火柴盒，不让我偷换硬币，然后按我说的做。正如你所知道的，硬币分为铜币和银币，你在这两种里随便选一个吧。"

"可是我完全不知道你在这个火柴盒里装了什么样的硬币啊。"我一脸疑惑地说。

"你心里面觉得是什么就说什么呗。"哥哥表现得很轻松的样子。

"那好吧，我猜是一枚银币。"我随口一说。

"接下来呢，你知道的，银币的面值分为50戈比、20戈比、15戈比和10戈比。你从其中随意选两种吧。"

"这让我怎么选啊！"

"还是和刚才一样，心里怎么想就怎么选。"

“20戈比和10戈比。”

“好的，再想想，还有哪些硬币是我们没有选的呢？”哥哥喃喃自语道，“你再从剩下的50戈比和15戈比里挑一个吧。”

“15戈比。”我毫不犹豫地说了出来。

“你打开火柴盒看看里面装的硬币吧。”

我打开火柴盒。结果让我大吃一惊，哥哥放在里面的是一枚15戈比的银币！

“这怎么可能，我怎么可能会猜中？”我不让哥哥走，并疑惑地说：“这整个过程中我都是不假思索，随便说的啊……”

“我刚刚已经跟你说过了，没什么会不会猜的。要不，我们试玩一下‘猜不中’游戏，这可比‘猜中’游戏要难得多。”

“再玩一次，我就不信我还能猜中！”

我们又玩了好几次这个游戏，不管是第二次，还是第三次，甚至是第四次，我都能非常幸运地猜中。在哥哥告诉我其中的奥秘之前，我对我所拥有的这种神奇的猜谜技能感到相当郁闷……

这个游戏的奥秘就在于……我想，你应该知道其中的问题在哪儿了吧。如果你还没有想清楚的话，答案一会儿见分晓。

这个问题其实非常简单，可我还是被哥哥给骗了。接下来，就让我跟大家说说我是怎么神奇地猜中那枚15戈比的银币的吧。

一开始，哥哥让我从铜币和银币里选一个，我碰巧选中了银币。当然，就算我选的是铜币，哥哥也一点儿都不会紧张，他可以说：“嗯，那么，剩下银币我们还没有选。”说完，他就会给我列举供我选择的银币。不管怎么样，他都会让我只能从那4枚硬币中选择，而且还不让我选中那枚15戈比的银币。最后，他会和往常一样说："现在呢，只剩下20戈比和15戈比没有选了。"

简单地说，不管我猜对没有，哥哥都会在游戏过程中慢慢地把我往正确的答案上引过去。这也就可以解释，为什么我总能准确地猜出他藏起来的那枚硬币了。

惊人的记忆力

【题】有时候，观众对魔术师非凡的记忆力感到吃惊：他们能记住一长串的单词或者数字。你也给同学们表演一下这个魔术，他们同样会大吃一惊的。下面告诉大家该如何表演这个魔术。

准备50张纸片，按照下表在纸片上写出数字和字母。这样，在每张纸片上都有一个比较长的数，并且在左上角编有拉丁字母和数字编号。然后，给各位同学分发这些纸片，并告诉他们，你已经将任何一张纸片上的任何一个数字都记住了。只需要他们告诉你纸片的编号，你就能说出这张纸片上的数字。比如，有人说出"E.4."，你立刻就回答"10128224"。

你的表演一定会令在场所有的人吃惊的，因为整整有50个这样长的数字。然而实际上，你并没有背下这50个数字。其实，事情没那么难。那么，你是怎么做到的呢？

【解】秘密是，每张卡片的编号（也就是那个字母和数字）会把卡片上的数字告诉你。

A. 24020	B. 36030	C. 48040	D. 540050	E. 612060
A.1. 34212	B.1. 46223	C.1. 58234	D.1. 610245	E.1. 712256
A.2. 44404	B.2. 56416	C.2. 68428	D.2. 7104310	E.2. 8124412
A.3. 54616	B.3. 66609	C.3. 786112	D.3. 8106215	E.3. 9126318
A，4. 64828	B.4. 768112	C.4. 888016	D.4. 9108120	E.4. 10128224
A.5. 750310	B.5. 870215	C.5. 990120	D.5. 10110025	E.5. 11130130
A.6. 852412	B.6. 972318	C.6. 1092224	D.6. 11112130	E.6. 12132036
A.7. 954514	B.7. 1074421	C.7. 1194328	D.7. 12114235	E.7. 13134142
A.8. 1056616	B.8. 1176524	C.8. 1296432	D.8. 13116340	E.8. 14136248
A.9. 1158718	B.9. 1278627	C.9. 1398536	D.9. 14118445	E.9. 15138354

首先，你需要记住，字母A表示的是20，B表示30，C表示40，D表示50，E表示60。

然后只要把每个字母加上旁边的数字就可以表示一个数。例如，A.1.表示21，C.3.表示43，E.5.表示65。

按照一定的规则，你就能利用这些数字在卡片上写出一个很长的数。我们举例说明具体的操作过程。

比如有人说的编号是E.4.（也就是64）。用64进行以下运算：

第一步，将十位数和个位数相加：6+4=10。

第二步，将这个数乘2：64×2=128。

第三步，用大的数字减去小的：6−4=2。

第四步，将十位数和个位数相乘：6×4=24。

最后，将每一步计算的结果按从左到右的顺序进行排列，得到的结果是10128224。

这正是编号E.4.的卡片上所写的那个数。

你需要进行的计算简单来说就是："+""×2""−""×"，也就是加、乘2、减、乘。再看几个例子。

编号为D.3.的卡片上的数是多少：

D.3.=53

5+3=8

53×2=106

5−3=2

5×3=15

结果是8106215。

编号为B.8.的卡片上的数是多少？

B.8.=38

3+8=11

$$38 \times 2=76$$

$$8-3=5$$

$$3 \times 8=24$$

结果是1176524。

为了不增加记忆难度，你可以在黑板上慢慢地写出每个数字，然后用我们讲述的这种方法说出每个数字。

因为这个魔术通常都会让人们感到太迷惑了，所以观众要猜出你使用的这个方法并不容易。

名师点评

在本章中，别莱利曼给我们讲述了一些猜谜游戏中运用到的数学原理。

《左手还是右手？》讲到的是数的奇偶问题，奇数就是个位数是1、3、5、7、9的数，偶数就是个位数是0、2、4、6、8的数。换句话说，奇数就是不能除尽2的，偶数就是2的倍数。

《数字游戏》涉及混合运算问题，加法、减法、乘法、除法，统称为四则混合运算。其中，加法和减法叫作第一级运算，乘法和除法叫作第二级运算。

《猜多米诺骨牌的另一种方法》则涉及混合运算的逆运算问题，一级运算包括加法和减法。加法$a+b=c$，由此推出逆运算减法$c-a=b$和$c-b=a$。也可以把减法看作加法，即$c+(-a)=b$和$c+(-b)=a$。二级运算包括乘方和除法。乘法$a\times b=c$，由此推出逆运算，除法$c\div a=b$和$c\div b=a$。也可以把除法看作乘法，即$c\times\frac{1}{a}=b$和$c\times\frac{1}{b}=a$。

《我是怎么猜中的？》则讲到了数字10的倍数特征。即如果一个整数的末位是0，则这个数能够被10整除。